成功
让理想照进现实

青春励志系列

陈志宏 ◎ 编著

延边大学出版社

图书在版编目（CIP）数据

成功：让理想照进现实/陈志宏编著 . — 延吉：延边大学出版社，2012.6（2021.10 重印）

（青春励志）

ISBN 978-7-5634-4866-1

Ⅰ . ①成… Ⅱ . ①陈… Ⅲ . ①成功心理-青年读物 Ⅳ . ① B848.4-49

中国版本图书馆 CIP 数据核字 (2012) 第 115142 号

成功：让理想照进现实

编　　著：陈志宏
责任编辑：林景浩
封面设计：映像视觉
出版发行：延边大学出版社
社　　址：吉林省延吉市公园路 977 号　邮编：133002
电　　话：0433-2732435　传真：0433-2732434
网　　址：http://www.ydcbs.com
印　　刷：三河市同力彩印有限公司
开　　本：16K 165 毫米 ×230 毫米
印　　张：12 印张
字　　数：200 千字
版　　次：2012 年 6 月第 1 版
印　　次：2021 年 10 月第 3 次印刷
书　　号：ISBN 978-7-5634-4866-1
定　　价：38.00 元

版权所有　侵权必究　印装有误　随时调换

前 言

在竞争日益激烈的社会中，每个人都在不断地追求着自己的理想，尽自己所能地去实现自己的价值。然而，有多少人在纷繁复杂的人生道路上因遇到挫折、失败而选择了退缩？有多少人在艰难的奋斗中因遇到太多的选择而放弃自己最初的追求？有多少人在眼花缭乱的社会中因辨不清方向而迷失了自我？有多少人在距离成功仅一步之遥时因心力交瘁而选择了放弃？又有多少人在漫长的人生道路上因遇到种种挫折与障碍而选择了逃避？……

每个人都渴望成功，都希望自己能有所成就，然而遇到挫折时，是否做到不退缩、不放弃，坚定执着地追求梦想，是关系到一个人能否最终获得成功的关键。

为了让渴望成功的人有明确的奋斗方向和坚忍不拔的勇气，我们特编写了《成功：让理想照进现实》一书。书中精选了古今中外多位名人的成功故事与成功心得，旨在鼓舞那些渴望成功、渴望实现理想的人应为实现目标而努力奋斗，"不抛弃，不放弃"，从而让理想真正地照入现实，让我们每个人都能通过自己的努力踏入成功的道路。

我们相信，在紧张浮躁的社会中，本书中的故事会带你走入一个关于人生、关于理想的精彩世界，带你坚持，让你感动。

目录

第一篇　提升品格

品格就是力量	2
赢得尊重之前，让自己成为值得被尊重的人	3
美德能最大限度地展现人的价值	4
品格更能赢得人们的尊重	6
伪诈毁信，终将一无所成	11
诚实守信是人生的第一品格	12
谦逊是人人应秉承的美德	14
记住仁爱，忘掉仇恨	15
做崇高无私的奉献者	17
把不良的行为或习惯和痛苦联系起来	19
纪律严明才能无往不胜	21
具有钢铁般的意志力	22
重义轻利者富，重利轻义者穷	27

第二篇　健全心理

在被别人肯定之前先肯定自己	32
自信是成功的首要因素	35
相信自己是最优秀的人	36
不怕挫折的人是不可战胜的	38
一只巴掌也能拍响	39
别为打翻的牛奶哭泣	41
用微笑把痛苦埋葬	42
别受环境和别人的影响	43
不让恐惧左右自己	44
敢于胜利才能胜利	46
面对苦难，学会勇敢和坚强	49
一定要做生活的强者	51
不怕失败，从头开始	53

第三篇　培养兴趣，怀揣梦想

重视自己的志趣	56
兴趣是最好的老师	57
遵循自己的兴趣更容易成功	58
兴趣能给自己动力	59
热爱是前行的动力	60

遵循个性，因势利导	62
做事的热情要持久专注	67
找到成功的最佳目标	69
重新定位	70
不放弃梦想	70
为理想而奔走	72
胸怀壮志，不懈追求	73
只有树立远大的目标才有伟大的成就	75
有梦想的人天高地阔	81
梦想是一个人拥有的真正财富	83

第四篇 善于思考，敏于行动

大胆提出疑问	86
敢于向权威提出质疑	87
不囿于传统	88
除了勇气和魄力，还需要智慧	89
"说者无心，听者有意"	90
在人生的道路上谨慎行事	91
拥有不敏锐的观察力	93
从司空见惯的事物中发现非同寻常的现象	94
想别人之不敢想，为别人之不敢为	96
善于思考才能充分利用有限的资源	97
选择采用非正规道路的谋略	98

做人不应只靠力气	100
不可缺少判断力	102
着眼未来投资	104
具备组织管理的技能	105
学会当机立断	107
只要行动，一切就有可能	108
正确地进行思考	109
你用什么时间思考呢	110
拿破仑的战术	110
找到别人的秘密	111
思路要开阔些	113
掌握住机会来临的那一天	114
不要让机遇悄悄溜走	115
机不可失，时不再来	116
幸运和机会不会垂青于等待者	117
不放过偶然的机遇	119
在机遇来临之前，务必做好准备	119

第五篇　交际有方

人缘是我们走向成功的资本	122
把别人的否定当作推荐信	123
好话也要说前边	124
做人一定要有涵养	125

学会"冷处理"	126
聪明地办事	126
学会道歉，不必再找"托词"	127
有真才实学就不会被别人尊重	129
你怎样对别人，别人就会怎样对你	130
睁大眼睛辨别君子与小人	131
别只顾自己说话	133
学会"听"	137
有意暴露某个小缺点	138
善举救自己	140
你今天对人微笑了吗	142
幽默是人际关系的调味剂	144
不必曲意迎合别人	149

第六篇　天道酬勤，坚持就是胜利

辉煌背后有艰辛	152
勤奋是最好的资本	153
天才源于勤奋勤奋书写篮坛的传奇	155
勤奋是生命之舟驶向理想彼岸的一面风帆	157
在时间中谱写自己的历史	159
人生需磨砺	161
有压力才有动力	163
敬业精神是成功必备的条件	164

学习是一项长期的工作	164
再忙也要学会生活	165
命运掌握在勤恳工作的人手中	166
接受苦难	167
有毅力的人才能获得更多的好运	169
机遇垂青于勤奋博学的人	170
基础与技巧	172
具备"闻鸡起舞"的精神	173
再"坏"一点,希望就会降临	174
发现自我,把握自我	176
成功与否是由综合素质决定的	178

第一篇

提升品格

品格就是力量

林肯做律师时，有人找他为一件诉讼中明显理亏的一方作辩护。林肯回答说："我不能这样做。如果我这样做了，那么出庭陈词时，我就会不知不觉地高声说：ّ林肯，你是个说谎者，你是个说谎者'。"

林肯为什么会成为美国历史上最伟大的人物之一，长久地受到人们的尊重呢？除去他成就的事业外，更缘于他那伟大的品格。

同样身为美国总统，比尔·克林顿在任期的业绩也是举世瞩目的，他执政的能力是无可挑剔的。

"拉链门"的丑闻却令他终生蒙羞，尽管美国人民原谅了他。在世纪之交，他领导美国继续沿着繁荣的道路前行，但他同时也把品德上的污点写进了美国历史。

公道自在人心，品格、道德是公众衡量一个人的永久标准。一个立身严谨、道德高尚的人即使不能成就非凡事业，也不至于完全失败，因为大家会信任他、帮助他；相反一个人格堕落、道德水平低下的人，也许有很好的能力，很多小聪明，能取得一时的胜利，但却不会成就大事业，赢得人们长久的敬意。

可以这么说，品格道德也许不是一个人的直接生产力，但却是一种无形资产和财富；也许不是成功的充分条件，但却是必要条件。

生活中我们经常看到上述两类人：一种人大家都乐于与之交往合作，无论他眼下是春风得意还是仍在苦苦奋斗，因为他们身上具备大家所认同的一些美德。同他们在一起，我们放心，安全，不会受到伤害和欺骗。大家说：他们的路会越走越宽。

还有一类人，占尽了小便宜、大便宜，耍了很多小聪明、小手腕，也许已然聚敛了钱财或攫取了权势，但大家提起他们来，却多有非议，也不敢轻易与之交往合作。因为与他们在一起睡觉都得睁只眼，谁知道他会干些什么出来呢？大家的道德准则对他不适用，他有自己独特的"道德游戏规则"，为了自身的利益，他不在乎别的。

恶人自有恶人磨。善良的人往往斗不过一些不顾道义的小人，因为他们无所不用其极，但终究他们会遭到惩罚的：一则是碰到更厉害的对手，小流氓碰上大流氓；二则是受到正义力量的制裁，因为在这条道上越走越远，终究会碰上法律准绳。

在人的一生中，道德品格都会起到一定的作用，要么是你的宝库，要么是你前行的绊脚石。试想，如果你在二三十岁就被人贴上一个不道德的标签，往后经历的路怎么走呀？

做人感悟

私生活不检点也好，工作、事业上用一些阴谋诡计也好，不诚实守信欺骗他人也好……这些好像都只是道德领域中的事情，又不犯法，又不影响工作，有时候还能更容易地达到目的，有什么关系呢？

赢得尊重之前，让自己成为值得被尊重的人

牛顿是英国著名的物理学家、数学家和天文学家，万有引力定律、力学的三大定律发现人和微积分的创始人，为科学事业做出了不朽的贡献。

小牛顿出生在一个普通的农民家庭。父亲在他三岁的时候就因病去世了。母亲没过两年，就丢下小牛顿，改嫁给邻村的一个牧师了。小牛顿成了没人要的孩子。

祖母看着可怜的孩子，决定与他相依为命。小牛顿五岁的时候，被送进一所妇女主办的小学。在学校，小牛顿既不聪明活泼，也不讨人喜爱。贫寒的家境和糟糕的成绩让小牛顿变得自卑又孤僻。他对学校枯燥的课程并不感兴趣，也很少和小朋友们在一起玩耍。

他唯一喜欢做的事情就是躲在自己狭小的房间里，做各种各样的小玩意儿。他对手工制作特别地感兴趣。他总是把祖母给的零花钱攒起来，买手工制作需要的材料和工具。

在小牛顿放学的路上，会路过一家水磨坊，有一天放学后，他偶然发现磨房里面居然有一架转动的水车，磨坊主用水车来磨面。小牛顿对水车产生了极大的兴趣。他每天放学后，都要躲在磨坊外面，仔细地观察，决

定回家自己也做一架小水车。经过一个多星期的观察，小牛顿把水车的外形牢牢地记在了心里。

回到家里，他准备好材料和工具开始工作了。每天一放学回家，他就钻进自己的小屋里开始敲敲打打。他在纸上反复地画着水车的模型，然后又对做好的水车雏形进行反复修改。他是那么的着迷和投入，几乎达到了废寝忘食的地步。经过一个多星期的努力，小水车终于做成了。这是他开始做手工以来最满意的作品。

他高兴地拿给祖母看。祖母简直不敢相信平常看上去笨手笨脚的小牛顿居然能做出如此精致的手工品。她对小水车赞不绝口。小牛顿第一次尝到被表扬的滋味，他的心里充满了喜悦。

第二天，他就把自己得意的作品拿到了学校给同学们看。这个精美的作品立刻引来了许多围观的同学。他们都没有想到，平时连考试都不及格的小牛顿居然这样的心灵手巧。

平常一向自卑的小牛顿听到同学们的夸奖，看到他们羡慕的眼神，忽然间就自信了许多。可就在这时，一个平常成绩好但性格傲慢的同学走过来不屑地说："你知道水车为什么会转动吗？"小牛顿平常很少听课，所以对于这个常识性的问题都无法回答。"笨蛋！"那个同学说着把水车砸碎了。小牛顿羞愧得满脸通红，他觉得自尊心受到了莫大的伤害，他忽然意识到成绩不好必定会遭到鄙视。从那以后，他的自尊心仿佛被一下子唤醒了，他决心用成绩来赢得自尊。就这样，他凭着自己的努力成了优等生，自卑感也一点一点消失了。

做人感悟

我们每个人都有被尊重的需要。这种尊重的力量有时真的很强大，它能够激励着你去拼搏去奋斗。因为在赢得尊重之前，你必须努力让自己成为一个值得被尊重的人。

美德能最大限度地展现人的价值

在滑铁卢打败拿破仑的威灵顿将军也许没有拿破仑的"功绩"卓著，

为什么人们至今谈起他仍充满敬仰之情,而对拿破仑却有诸多非议?这是因为两个人的道德品质截然不同。

拿破仑有这样一句名言:"最真实的智慧在于英明果断地作出决定。"他本人异乎寻常的一生,也非常生动地说明了无所不为的强大意志在一个人辉煌成就中所起的举足轻重的作用。拿破仑全身心地投入到了他的事业中。在他之前,一些愚不可及的统治者和他们所领导的国家已接二连三地垮台。拿破仑接到报告说,阿尔卑斯山挡住了军队的去路,他随即指出:"不能让阿尔卑斯山成为拦路虎。"

于是,一条穿过西普隆的蜿蜒小道被开凿出来,自古以来被认为鸟儿也难飞过的地方却任凭大军驰骋。拿破仑曾经说过:"'不可能',这是一个只能在平庸无能的鼠辈的字典中才能找到的字眼。"他本人是一个吃苦耐劳、勤勉用功的人。有时候,他同时聘用四个秘书,可还是不够,秘书们一个个被折腾得精疲力尽。和他在一起,没有人会过得轻松,连他本人也不例外。他的精神深深地感染了其他人,他给其他人的生命注入了新的活力。拿破仑曾经不无感触地说:"我的这些将军都是从行军的泥潭里锻造出来的。"

但是,所有这一切都毫无益处,因为拿破仑的极度自私不仅毁掉了他自己,而且也毁掉了法兰西,他让法兰西成了无政府状态的牺牲品。拿破仑的一生给世人以极为深刻的教训:权力,如果不给世界带来善行,不管它被执掌者如何精力过人地运用,它对掌权者和被统治者来说都是致命的。而且,渊博的学识或者说一个人的聪明才智,如果缺少美德,那么,它也只不过是凶残的魔鬼的化身。

在滑铁卢打败拿破仑的威灵顿将军的确是一个伟大的人。他不缺少拿破仑的坚毅勇敢、持之以恒和百折不挠的精神,而且,他具有拿破仑所不具备的自我牺牲、光明磊落和强烈的爱国精神。拿破仑的目标是"壮观的",而威灵顿和英国海军大将纳尔逊一样,他在查哨时使用的口令就是"职责"。据说,"壮观的"一词哪怕是在威灵顿将军的战报中,也从来未出现过一次。而"职责"一词,在稍稍高贵一点的职业中,人们是从不肯提及的,唯恐这样会降低自己的身份。

再大的困难也没有能让威灵顿将军感到尴尬难堪,畏惧退缩。情形往往就是这样,困难越大,他表现出来的力量也就越大。在伊比利亚半岛的战争中，他克服了足以令人疯狂的苦恼和令人难以想象的困难。在这个过程中，他所表现出来的非凡的耐心、毅力和决心可以说是历史上最伟大的奇迹之一。在西班牙，威灵顿不仅向人们展示了他作为一位将军的军事指挥天才，而且显露出他作为一位政治家的多方面的才能。尽管他的性情极端暴躁，但是，强烈的责任感使他克制了自己。尤其是对他身边的工作人员，他的耐心似乎是永无止境的。

威灵顿将军的伟大人格将会通过他的雄心壮志、他的永不满足的精神和豪情满怀的激情而永放光芒。当然，每一个在历史上有影响的人物，都会在许多方面表现出非凡的禀赋。拿破仑作为将军，他和克莱夫一样，思维敏捷而又精力旺盛；作为一位政治家，他和克伦威尔一样充满智慧，和华盛顿一样廉洁高尚。

伟大的威灵顿在他身后之所以芳名永存，就在于他在十分艰难的战争中，他凭借自己多方面的才华赢得了胜利；在于他不知疲倦、坚韧不拔的精神；在于他英勇无畏、善于自我克制的崇高品质。

做人感悟

品格是世界上最强大的动力之一。高尚的品格，是人性的最高形式的体现，它能最大限度地展现出人的价值。

每一种真正的美德，如勤劳、正直、自律、诚实，都自然而然地得到人类的崇敬。具备这些美德的人值得信赖、信任和效仿，这也是自然而然的事情。在这个世界上，他们弘扬了正气，他们的出现使世界变得更美好、更可爱。

品格更能赢得人们的尊重

弗朗西斯·培根（1561—1626）是近代哲学和近代科学的开山鼻祖。他的许多杰出的思想展现了新时代的曙光，足以光照千秋。然而他的品格与为人，却卑鄙得令人难以置信。从他身上，可以看到善与恶、真与伪、美与丑、伟大与渺小，是如何令人吃惊地纠缠在一起的。

培根的父亲是一个政治家——掌玺大臣,他的母亲是一位学者。在父母的影响下,培根12岁时进剑桥三一学院学习,很快他就对1500年来所建立的学术成果嗤之以鼻。16岁时他就公开宣布,剑桥的教授们把他们的学说建立在亚里士多德思想基础上是错误的。

弗朗西斯·培根感到他有一个一生的"使命"——要把世界从人人视为权威科学的"亚里士多德神学"中解放出来。但眼下,他更关心的是另一个使命——把他自己从债务中解放出来。因为父亲已把财产分配给儿子们,唯独没有他的。

这对于一个曾和王孙公子痛饮狂欢,和宫廷淑女调情嬉戏的青年来说,是一个痛苦的打击。他只好在朝廷中谋求个差事。他请他的姨父,前英国首相威廉·塞西尔从中协调。但塞西尔希望提拔自己的儿子,所以对外甥置之不理。培根现在面临一个实际问题:或者选择哲学而面对贫困,或者从事法律而谋求发迹。

他决定把两者结合起来。他要靠法律来充实他的腰包,靠哲学来满足他的灵魂。他花了整整漫长的12年,企图在朝廷中找到一个落脚点,却没有成功。他一再威胁他的姨父(只要他一句话,就可使他得到所觊觎的职位),说他要放弃法律生涯,到剑桥大学去过学者的隐居生活。这种威胁并不使塞西尔难堪,他冷冷地回绝了外甥。

在朝廷中有一个派别的权势可以和他姨父的权势相抗衡。这个派别以女王的宠臣、漂亮的埃塞克斯伯爵为首。培根向这位有权有势的贵族毛遂自荐。他煞费苦心的机巧和雄辩的才能赢得了埃塞克斯的欢心。

培根看待他同埃塞克斯的友谊,如同看待其他一切事一样,是用一种实际的眼光。"世界上没什么友谊",他说,"平等的人之间友谊最少。但最终在治人者和治于人者之间有一种友谊,这是为了互相利用"。聪明的主人因此得到一个忠实的仆人,而狡猾的仆人则找到了一个主人,可以作为向上爬的台阶。

培根想,锦上应该添花。既然埃塞克斯给了他一套富丽堂皇的房子,就应该有人给他一个富有的妻子。明智的婚姻可以给他提供良好的机会,使他政治上的失意得到补偿。他看上了一位有钱的寡妇,血统高贵。于是不断地向她求婚,并请埃塞克斯帮忙。但尽管有埃塞克斯的推荐,这位夫人还是拒绝了他,却接受了爱德华·柯克爵士。这是一位和培根竞争的律师，并已经胜过了他，被任命为女王法律事务官。

为了摆脱痛苦，培根写了一篇论不公正的文章；同时大肆挥霍，放荡不羁，终于负债累累而进了监狱。像往常一样，埃塞克斯又来救了他。

宫廷的微笑使人眼花缭乱，但也同样是靠不住的。埃塞克斯慢慢失去了女王的恩宠。他们之间发生了激烈的争吵。伯爵没向女王请假就从爱尔兰跑回家，伊丽莎白把他关了起来。虽然不久就放了他，但对他再也没什么宠幸了。

他开始失去理智，掉脑袋的危险迫在眉睫。他的朋友培根在哪里？培根给他什么劝告？什么安慰？女王已无情地抛弃了埃塞克斯。宫廷中在传说：培根先生是促使女王陛下如此这般的人，因为他发现埃塞克斯对他不再有用，所以认为和女王站在一起是有利的。弗朗西斯·培根把埃塞克斯榨干了，到了在别处另找新路的时候了。开始并没什么人相信这些谣言。但传说是真的，一切是办得那么机智、稳妥。当国家准备以对女王不忠的罪名审判埃塞克斯时，培根请求让他参加起诉，因为这将对他的法律生涯极为有利。

这样，埃塞克斯被带到审判台前。弗朗西斯·培根站了起来。法庭上的人奇怪地看着他。因为他既不是原告又不是律师。他要说什么？以什么资格？法庭不久就看到，他是以一个国家的志愿见证人，特别是以被告的亲密朋友的身份说话的。他指控伯爵蓄意阴谋篡夺王位——这是死罪。培根用他才华出众的口才和他所掌握的智慧来论证这一点。他坚决认为埃塞克斯计划杀害女王，夺取王位。因此他不属于法律上可减轻罪行的罪人。由埃塞克斯给过一笔财产的人提供的证据说服了法官。他们判这个不幸的贵族上断头台。

培根把他最要好的朋友置于死地后得到了什么呢？国家给了他1200镑。"唉，"他把钱装进口袋时悲哀地说，"女王给了我一些好处，但不像我所希望的那么多。"然后，他坐下写一篇关于延长人的寿命的医学论文。

培根有着丰富的、多方面的知识。他可以用来为善，也可以用来作恶。他觉得用背信弃义来为他在世上开辟前程是有利的；他也觉得更深入地投身于哲学是迷人的。

埃塞克斯伯爵死后两年，伊丽莎白女王也死了。苏格兰国王詹姆士登上了英国王位。詹姆士曾同埃塞克斯很友善。这使那些把那位不幸的伯爵置于死地的人多么难堪！但培根泰然自若。他是分析人类心灵的大师，当他弄清新国王以自己是一个古典学者自诩时，培根给他呈了一封致敬信，声称："陛下的臣民中没人比我更渴望牺牲自己，粉身碎骨为陛下效劳了。"他的眼睛盯着国王的法律事务官的位置。

他千方百计地要得到宫廷对他的赏识。詹姆士国王非常喜欢奉承。培根就不断写信给他，在信中把这个玩弄权术的庸人比作上帝和宇宙的第一推动者。此时，他和一个高级市政官的女儿结了婚。当人家向他表示祝贺时，他竟然回答说："我的经济由于这婚姻而有所改善。至于爱情，这种感情从未进入我的心中。"他在一篇随笔中写道："伟人总是抑制这种虚弱的感情。"

他善于投机取巧的头脑终于使他得到国王的赏识。他被任命为英国的副检察长。在国王詹姆士的眼里，起用他是因为他绝妙的建议：对外战争可以杀掉过剩人口。培根是和国王的思想一致的人。

培根分裂的人格是所有神秘事物中的最伟大者——人类心灵的一个令人惊异的现象。他增加了牛津和剑桥的奖学金数字，这样，英国的群众就有更多受教育的机会。但他也主持了法院的严刑拷打。他写过一篇热情洋溢的论博爱的文章，出版了一部宏大的著作《学术的进步》。但在一篇小文章中他向读者指出怎样可以发现朋友的"弱点和不利情况"来"对付"他。然后又恬不知耻地写了一篇论善和真理的文章。他说："没有一种罪恶能像虚伪和背信弃义更使人蒙受耻辱。"

国王终于让他当了总检察长，薪俸优厚。但这并没有使他的野心得到满足。当大法官——王国最高官员病倒时，培根冲到病榻边，默默地祈祷丧礼不久到来。他守着病人，焦虑万分，天天向国王报告那个奄奄一息的人的病情。终于，他假装悲痛地写道："您可尊敬的大法官，我亲爱的朋友，捱不过今天了……现在我恳求陛下，让我直陈目前的真实情况：如果您任命科克勋爵（他的强大敌手）为大法官，那伴随着您的只有不幸……如果您选择霍巴德勋爵，您的工权将会被破坏……但如果我是这个人选，作为一个公正的法官在党派之间公平地行事是我最起码的责任。我将是您委派的忠实的监督者，您的人民中的一个热情的信徒和推进您的神圣权利的机器。"

大法官终于死了，弗朗西斯·培根被任命为新的英国大法官。"狡猾的人谴责学问",他在一篇文章中写道:"聪明的人利用它们,正确地使用知识意味着力量。知道事情原因的人是幸福的。"他知道名声的缘由,知道政治影响的主要原因。但他已经到达了幸运的顶峰。

悲剧来得很快。他就任大法官三年后,下院对他提出了耸人听闻的指控。弗朗西斯·培根被控在法庭上接受贿赂!举国震惊。他过去写的政治报道很有名,他的哲学成就也是如此。这个双重人格的人究竟是个什么样的人——魔鬼的化身?

大量的证据证明大法官有"收礼"的习惯。下院提出了正式起诉。当信使把起诉书交给培根时,他们发现他病在床上。"我的主啊,"他眼望苍天说道,"我已从世事中回心转意,我正在考虑我对一个更高的法庭的解释和回答……"

全国哗然。讲台上、街道上,到处是演说,要求惩办大法官。他能否认这指控呢?他有什么申辩?他的一切哲学现在都不能救他。

法官们要他在一份充分、具体的供状上签字。弗朗西斯·培根终于被迫低头认罪。

他坐在伦敦塔里,成了一个谦卑、潦倒的囚犯,但仍以学者风度声称,至少他从未因不知法律而作出错误的决定。按照他奇怪的推论,他得到了开脱:"我是这50年英国最公正的法官。但是,"他解嘲地补充,"这是200年来国会最公正的判决。"

他几乎一进监狱就被释放,但被命令永远离开英国议会和朝廷,并且在将来不得在这个国家担任任何官职。即使在此时,这个不可救药的乐观主义者也不肯放弃他的政治野心。他给国王写了大量的信,吹捧他,欺骗他,恳求他,对他的禁令作了种种争论,但无济于事。他的黄金时代已经过去了。吹捧不能使他恢复青春和活力,欺骗也不能把不名誉的重负从他肩头卸去。

人格就是力量,在一种更高的意义上说,这句话比知识就是力量更为正确。正直就是无论你在任何时候、任何情况下,和什么人在一起,都要忠于自己、言行一致、坚守自己的信仰及价值观。如果你不再正直,最终将失去一切,因为,别人无法相信你,不愿和你一起工作,或跟你进行交易。如果没有足够的人愿意和你共事,你的事业将会失败,无论任何一种事业的结果都将一样。

做人感悟

天才总是受人崇拜，但品格更能赢得人们的尊重。前者是超群智力的硕果，而后者是高尚灵魂的结晶。但是，从长远来看，是灵魂主宰着人的生活。天才人物凭借自己的智力赢得社会地位，而具有高尚品格的人靠自己的良知获得声誉。前者受人崇拜，而后者被人视为楷模，加以效仿。

伪诈毁信，终将一无所成

伪诈在任何时代都有，甚至有些人以善于伪诈为能事。然而，那些以伪诈为能事之人，最终会露出马脚，被别人识破他的丑陋面貌，伪诈带给他们的只能是毁信。一个诚信毁灭了的人，失去了做人之本和成事之基，最终他们将失去一切，一无所成。

伪诈的人在本质上是不老实的，善于弄虚作假，巧于掩饰，使人无法窥见其真面目。所以有些时候，这种人能一时窃取名誉，使人信任，但由于其窃得别人信任的目的是为了养恶，所以一旦为恶，其信誉便丧失殆尽。

杨广是隋朝开国者隋文帝的第二个儿子，封晋王，镇守江都，因知其父皇母后不喜欢太子杨勇，便有夺嫡之意。他使尽解数，矫饰以媚双亲，其弄虚作假的手段，可说是天下无双。在父母眼里，当时杨广的形象是：

他不喜声色。虽有姬妾，但不跟她们在一起，只与肖妃一人同居于他的住处；所挂乐器的弦都断了，表面都蒙着尘埃，显然是久已不用。

他俭素礼士。每岁来朝拜双亲一次，车马侍从，极其俭素，接待朝臣，恭敬尽礼，其声誉在朝臣中有口皆碑。

他无比孝顺。临回时入内辞母后，说："臣镇守有限，方远颜色，臣子之恋，实结于心。一辞阶闼，无由侍奉，拜见之期，杳然末日。"说了，放声痛哭，泪流满面，使其母后为之伤心流泪，相对嘘唏。

他与人共苦。他观猎遇雨，侍从送上油衣，他说："士卒毕沾湿，我独衣此乎！"挥手叫拿去。

第一篇 ◆ 提升品格

因此，朝中上下，都赞他仁孝。

可是，一旦夺到太子位，他的凶相就暴露：他借隋文帝病重，入宫侍候，趁机想奸淫其父宠妃宣华夫人，被父亲发现后竟使人弑其父，伪写诏书赐其兄杨勇死。

他即位后，奢侈淫乐，专制残暴，排除异己，残害忠良，历史上的暴君都为之逊色。

他任用新人，打击排挤旧臣，媚己者升官，谏己者贬杀，开国功臣高颖、贺若弼稍议其非，即加以杀戮。

所以，在几千年的历史长河中，隋朝成为最短命的王朝，那是注定的了。

做人感悟

富兰克林说："我想在一切场合都努力讲真话，使自己的每一言行都做到诚实，而不使任何人对不可能实现的事情空抱怨恨。"如果你也是个诚实的人，人们就会慢慢地信任你。

诚实守信是人生的第一品格

人生无论做什么都要抱着一种求真的态度。我们往往愿意去追求代表真实的人和事物，因为它表现着最崇高的美德——诚实与正直。诚实与知识、经验结合在一起是一种智慧。一个人不具备诚实的品格就无法真正拥有成功。

乔治是美国一名成功的房地产经营家，其成功秘诀就在于诚实。

乔治在伊利诺州刚开始从事房地产交易时，有一次带一位买主去看森林湖区的一座房屋。房产主曾私下告诉他说这栋房子大部分结构都不错，只是屋顶过于陈旧，当年就得翻修。买主是一对年轻夫妇，他们说准备买房的钱很有限，极怕超支，所以想买一处无需修葺的房子。他们看过房子后，很喜欢，马上决定购买，并想立即搬进去住。但乔治对他们讲，这座房子需要8000美元重修屋顶。

乔治知道，说出房子屋顶的真相，会冒风险，有可能毁掉这笔交易。

果然，这对夫妇一听说要花这么多钱来修屋顶，就不肯购买了。一星期后，乔治得知他们从另一家房地产交易所花较少的钱买了一栋类似的房子。

乔治的老板听说这笔生意被人抢走，十分生气。他把乔治叫到办公室，问他是如何把这笔生意搞吹的。

老板对乔治的解释很不满意，他咆哮着说："他们并没有问你屋顶的情况！你没有责任要告诉他们。你主动告诉他们屋顶要修是愚蠢的，真是多管闲事，现在你把一切都失掉了。"

老板解雇了乔治。

如果乔治是个失败者，他可能会想："我把实情告诉那对夫妇，真是愚不可及。我何苦要为别人操心呢？那关我什么事？以后可不要再多嘴了，白白丢掉一份委托费。我可真笨！"

但是，乔治所希望的是做一个诚实的人。他一直受到的教育是要说实话。他的父亲总是对他说："你同别人一握手，就等于签订了一项合同，你说的话要算数。如果你想在生意上站稳脚跟，就必须对人公平交易。"所以，乔治总是把信用、人品放在第一位，而不是把赚钱看成高于一切。尽管当时他也想把那座房子卖掉，但不能为此而有损自己的人格价值。即使丢掉了工作，他仍然坚信自己唯一的做人准则就是在一切事情上都讲真话。

乔治从他帮助过的一位亲戚那里借了些钱，搬到了加利福尼亚，开了一家小型房地产交易所。数年之后，他以做生意公道和为人诚实建立了信誉。虽然他也为此丢过不少生意，但他却渐渐赢得了人们的信任。最后，他名声远扬，事业发展，生意兴隆，客户遍及全国。乔治靠他的诚实和信用日益发达了起来。

做人感悟

在个人生活或事业上，你可能由于说老实话而一时失去某些东西。但是，在漫长的人生旅途中失掉一两次应有的报偿算什么？你只要建立起信誉，树立起正直诚实的声誉。当别人知道你是一个靠得住、值得信赖的人时，你的收获将是无穷的，令人羡慕的。

谦逊是人人应秉承的美德

1899年，丘吉尔退伍参政，1900年当选为下议院议员。1939年，第二次世界大战爆发，丘吉尔任张伯伦内阁的海军大臣。1940年临危受命，出任首相，领导英国人民保卫英伦三岛，并积极展开外交话动，与美苏结盟，形成国际反法西斯统一战线，为反法西斯战争的最后胜利做出重大贡献。

丘吉尔是第二次世界大战时期的英国首相，以谦逊著称。

名人小传

温斯顿·丘吉尔，英国杰出的政治家、作家和历史学家。1874年生于牛津附近的布莱尼姆宫。1893年考入桑德斯特陆军军官学校，1895年，以少尉军衔被编入皇家第四骑兵团。曾以志愿兵和随军记者的身份先后参加过西班牙对古巴的殖民地战争和英国军队在印定、苏丹、南非的战争，以作战英勇、敢于履险犯难而闻名。

1941年夏天，一架轰炸机在荷兰某海域上空飞行时，右舷引擎突然起火。驾驶飞机的是新西兰人詹姆斯·艾伦·沃德中士。在千钧一发之际，他腰系一根绳子，在同伴的帮助下，爬上机翼扑灭了火焰，并胜利返航。这种勇敢行为使他获得了维多利亚十字勋章。

很快，丘吉尔在唐宁街10号接见了沃德。可是站在英国首相面前，扑火英雄紧张得满脸通红，说不出一句话来，丘吉尔目不转睛地盯着这位硬汉，问道："你在我面前一定觉得非常紧张和窘迫吧？"

沃德承认确实如此，丘吉尔温和地反问："那么，你也能想象得到，我在你面前也是如何的紧张和窘迫呀！"

无论是当首相，还是成为平民，丘吉尔谦逊的美德一直都保持着。1955年，丘吉尔辞去首相职务，告老还乡。一天，英国著名作家、史学家罗斯来拜访，一踏进丘吉尔的书房，陈列在房中的一张布告引起了罗斯的兴趣，只见上面写着："悬赏通缉捉拿战犯一名：英国人，现年25岁，身高5英尺8英寸，体态臃肿，其貌不扬。走路时上身略向前倾，有一嘴乱七八糟的小胡子，说话时鼻音很重，口齿极不流利，不懂荷兰语，愚蠢如猪，此人名叫温斯顿·丘吉尔。以25英镑的赏价缉拿逃犯丘吉尔，无论是活的还是死的都行。"丘吉尔看到罗斯紧盯着布告，便加重语气说："25英镑，这就是我生命的价格！"

这张布告究竟是怎么回事呢，那是1899年10月，英国发动了对南非布尔人的战争，年方25岁的丘吉尔以随军记者的身份前往战地采访，在一次深入敌区的侦察任务中不幸当了俘虏。

但不久，他又机警地逃跑了，于是，布尔人悬赏缉拿逃犯，丘吉尔之所以要陈列这份布告，无非是告诫自己，永远不要以了不起的"大人物"自居，充其量自己才值25英镑。当了首相身价没有增，身为平民亦未减，陈列展示这张布告，其用心可谓良苦！

做人感悟

"满招损，谦受益。"谦逊是每个人都应当具备的美德，作为一国首相的丘吉尔，可谓大人物中的大人物。然而就是这样一个人物能时时胸怀着谦逊之心，实在难能可贵。对于生活在大千世界的芸芸众生来说，多半出身平凡，因而就更应当具有谦逊之心。只有这样才能赢得人们的信赖，使自己立于人生之林。

人们尊重敬仰的人，大多不是因为这个人具有什么样的身份，而更多的是这个人的身上，有值得人们敬重的品质人格。

记住仁爱，忘掉仇恨

甘地一家都是印度教中耆那派的信徒，他的母亲很小就以教派的主旨来要求甘地。

当时印度处于英国人的统治之下，英语已经成为人们的日常语言，但是甘地的母亲给孩子请的第一个教师却是一位教印度语的人。小甘地不解地问：

"妈妈，为什么不给我请一个教英语的老师，现在人们都在学英语。"

"孩子，你还小，不懂其中的道理，总有一天你会明白的。"

老师教小甘地背诵一些印度教的经典和史诗，母亲自己也和甘地一起来学习，经常比赛看谁背诵得快。年幼的甘地并不能体会到母亲的良苦用心，所以学习不太用功。

后来甘地还懊悔自己未能做一个更高深的圣斯克里特的学者，但是甘地最终还是成了一位懂得高深的印度经典的人，虽然他只是读《吠陀》和《优婆尼沙昙》的译本。

甘地的父母亲平素十分慷慨，不以财富和物质上的价值为重，所以他们的家财几乎全数用于慈善事业。母亲是一位不爱多说话的人，但是她懂得用行动来教育孩子。她每到一定的节日就带着小甘地到寺院里去，寺院外面挤满了贫苦的人们，在这里等待富裕人家的布施。于是母亲就把钱递给了小甘地，再由他送到那些等待布施的人们的手中。

名人小传

甘地于1869年出生于印度西北部的一个叫做波尔班达的城市，是印度民族解放运动的著名领袖、印度人民心目中的"伟大灵魂"，1869年10月12日出生在波尔班达。成年后，他一直坚持从事祖国的独立活动。最终，他用游行、罢工、请愿、绝食等非暴力的方式领导印度人民将英国人赶出了印度，最终实现了印度的独立。

甘地接过钱不解地问："妈妈，为什么我们要把钱给他们呢？"

"孩子，救助那些需要帮助的人，是每个人都应该做的。"

"妈妈，你不是说用这些钱给我买玩具吗？"

"帮助别人是大事，买玩具是小事，你愿意做大事还是愿意做小事呢？"

"当然是大事了。"于是小甘地很听话地把手中的钱送给了那些贫苦的人们。当接受布施的人们向甘地道谢的时候，甘地幼小的心灵就充满了喜悦。母亲看到小甘地很是高兴，又担心他会因此而自我陶醉，就对他说："孩子，当别人感激你的时候，你千万不要居功自满，不可因为自己做了好事而骄傲起来。""为什么呢？"小甘地依然沉浸在快乐之中。

"因为帮助穷人是我们的义务，我们只不过是把我们从别人那里获得的东西归还给别人而已，这是没有什么可值得宣扬和骄傲的。"

在母亲的教导下，甘地变得平和而谦逊。在他日后领导运动取得胜利的时候，他尽量回避那些颂扬他的华丽词汇。他自然而然地避开那些专为歌颂他而组成的民众团体，他习惯了只有自己一个人独处的时候，才觉得舒适，而在他独自静思以倾听其内心独白的时候，他才得到最大的快感。

甘地从母亲那里学到的还远不止这些，有一次母亲带着小甘地在回家的路上遇到一个晕倒在地上的人，根据那个人的衣着可以看到他是自己宗族中另一派的人，也就是属于他们的敌人。但是甘地的母亲还是停下来，把那个人扶起来，并让人把他送到了医院。小甘地十分不解地问："妈妈，他是我们的敌人，你怎么还要救他呢？爸爸就是因为他们才离家远走的呀！"

"天下没有解不开的仇恨，我们更重要的是要记住爱，而不是记住恨。"

母亲的教导对甘地的影响很大，甘地牢记着母亲的教导，当波耳战争爆发的时候，他组织一队印度人的护伤队，治疗受伤的白人，当1904年约翰勒斯堡发生大瘟疫的时候，甘地组建了一个医院。在1908年纳塔尔的上人反叛时，甘地组织了一个救护队支持他们，并且亲身督领。甘地正是在爱的教义下，希望通过这种纯无私利的行动来化解仇恨。在他坚持不懈地努力下，英国人最终同意了印度的独立。甘地用自己独特的方法，用最小的生命代价使印度获得了民族独立，这是史无前例的。

由此可见，那些需要动员百万大军出生入死、牺牲无数生命才能完成的大事业，用爱的方法同样也能办到。因此，我们应当学会爱，学会奉献。

◆ **做人感悟**

甘地从一个普通的孩子成长为一个伟大的人，成为印度的国父和永远的精神领袖。其主要的因素是他从母亲那里学会的爱。他用这种爱的力量为号召，使祖国获得了独立。

做崇高无私的奉献者

居里夫人是波兰伟大的物理学家和化学家，她把毕生的精力都献给了人类的科学事业。她是放射化学和放射物理学的创始人和奠基人。她发现了化学元素钋和镭后，并将这两种放射性元素用于医学，开创了放射性治疗的先河，从而拯救了千千万万癌症患者的生命。同时她还对原子核科学和原子能事业的发展做出了重大贡献。

从1898年到1902年，整整4年，居里夫人为了证明镭的存在努力研究着。为了帮助妻子尽早实现研究成果，丈夫皮埃尔·居里也参加了这项工作。在经过4年艰苦的实验后，他们终于得到了0.1克的镭，它的体积只有半颗糖那么大。但这只有半颗糖大小的镭却是从重达8吨的矿石中提炼出来的。破旧不堪、早就废弃了的旧仓库就是他们的实验室，那里连块床板都没有，屋顶还会漏水，屋里虽有一个破旧的火炉，却不能用，所以屋内和屋外一样寒冷，他们就在这样的仓库里煮矿石。

名人小传

居里夫人，原名玛丽·斯克罗道夫斯卡，1867年11月7日生于波兰首都华沙。1895—1906年，她与丈夫皮埃尔·居里一起研究磁核放射现象，发现了镭。1903年，荣获诺贝尔物理学奖。1911年，她分离出钋和镭，并因此获诺贝尔化学奖。1934年，死于白血病，这很可能与她长期受放射线照射有关。

"镭"使居里夫人成为全世界最杰出、最有名的女性，然而，得到荣誉的时刻，是她一生中最幸福的时刻吗？"不，错了，"她说，"在家徒四壁、连块床板都没有时，一面被贫穷所逼迫，一面潜心研究的时候，那才是最幸福的时刻。"大家都知道，镭是治疗癌症不可或缺的物质，镭的需要量肯定会逐渐增加，而它的制造法却只有居里夫妇知道。因此，如果得到了镭的采取专利，那么，无论世界上哪个地方要生产镭，他们都可以从中获利。而这样一来，就可以改善全家的经济状况，自己也不必辛苦地工作了，借此还可以为自己建一个设备良好的实验室，以便更进一步的从事科学研究。但是，居里夫人会怎么做呢？她没有因为发现镭，而接受过哪怕是一便士。"可以这么做吗？"她说，"如果那样做的话，就违背了科学精神，它是用来治疗疾病的。"不做百万富豪，而宁愿过朴素的生活，不愿无所事事地生活，而选择了奉献生命，这就是居里夫人一以贯之的选择。

做人感悟

居里夫人是一个坚强的科学家，无论求学时生活条件多么艰苦，无论实验室的条件多么恶劣，她始终孜孜以求，从不放弃自己的理想和信念。她坚信"科学是为了造福人类的"，所以她从不拿自己的研究成果去换取大把大把的钞票，而是无偿奉献给人类。

居里夫人所具有的伟大人格常为人们所称道。爱因斯坦曾说："在所有的著名人物中，居里夫人是唯一不为荣誉所倾倒的人。"

崇高的人格、无私的敬业精神以及淡泊名利的高尚情怀，是居里夫人一直让世人怀念和敬重的主要原因。

把不良的行为或习惯和痛苦联系起来

美国成功学大师安东尼·罗宾讲过这样一个故事：

很早以前我曾对烟酒和毒品避之唯恐不及，你可别以为那是我聪明，而我只能说那是我比较幸运。

我之所以不喝酒，乃是因为在我还是个孩子时，有一次在家里见到有人喝醉酒而吐得一塌糊涂，那种痛苦的模样留给我极深刻的印象，让我知道喝酒实在不是一件好事。我还有一个对喝酒印象不佳的经验，便是一位好友的母亲留给我的，她胖得实在是不像话，约有200公斤重，每当她喝醉酒便会紧紧地搂着我，使我的脸上和身上沾满了她的口水。因而这使我对酒感到深恶痛绝，如今只要闻到别人嘴里所呼出的酒气，便会使我极不舒服。

然而啤酒对我来说又是另一桩故事。

在我还是十一二岁时并不把啤酒当酒来看，那是因为父亲喜欢喝，而他又从来没有过我那位同学妈妈的坏毛病，事实上父亲喝起啤酒来的模样还真不赖，就因为他喝得也不多，所以我对啤酒的印象始终不坏，甚至于也希望学学家父喝酒的架势。

有一天我就真地学起父亲，想试试喝啤酒的滋味，于是请我妈也给我来上一罐。一开始她不同意，说酒不是什么好东西，可是我并没接受，因为在我的印象里，爸爸喝酒的模样似乎告诉我啤酒实在是很好喝。我们经常会听不进别人的话，只相信自己的看法，而那天的经验使我认为我成长了不少。妈最后经不起我一再的央求，相信若是不给我一个难忘的教训，迟早我会到外头买来喝，于是她说："好罢，你要学你爸爸是吗？那么就得像你爸爸那样的喝法。"

我不解地问道："这话什么意思？"

妈妈回答道："你得一次喝足6罐啤酒。"

我听了自信地说："没关系。"

当我品尝了第一口啤酒，那种味道实在是难喝，跟我先前所想的完全不一样。可是为了面子我可不敢向妈承认，只好硬着头皮喝下去。当我喝完第一罐，便跟我妈说道："好了，妈，我喝够了。"

然而母亲并没有饶我。她表情木然地："这里还有第二罐。"

随之便又拉了一罐，接着一罐又一罐。

当我喝完第四罐时反胃得厉害，我相信接下来的故事各位都能猜得出来，我把胃里的东西吐了出来，弄得厨房一片狼藉。这一阵折腾让我把啤酒的气味和呕吐的不舒服连在一块了儿，从此便对啤酒打消了先前的好印象，因而再也没沾过一滴啤酒。

也由于类似的经验使我没有染上吸毒的坏毛病。那是在我读小学三四年级时，有一次警察先生到学校来，放映了一部有关吸毒的可怕的电影，只见片中人物在吸毒后神志不清，甚至于疯狂地跳窗坠楼而死。当时我就把吸毒和食物的变态及死亡连在一起，日后连想尝试一下的念头都不敢有。可以说并不是我聪明才知道吸毒的可怕，而是有幸很早便有人告诉我，因而没有染上吸毒的恶习。

做人感悟

要尽量约束自己远离一切不良的习惯和嗜好。那就是如果能把极大的痛苦和任何行为或习惯连接起来，那么我们便会想尽一切办法，革除那些不良的行为或习惯，我们的整个人生也会随之大大地发生改变。

纪律严明才能无往不胜

孙子把《孙子兵法》呈给吴王阖闾，吴王看后大悦，连声叫好，他问孙子："先生所著的十三篇我都看过了，能用来操练军队么？"孙子说："当然可以。"吴王有意为难孙子，于是将自己后宫180名美女编成两队，交给孙子操练，并将自己最宠信的两名妃嫔提拔为两队的头。

这些美女第一次拿刀拿枪，参加如此有规模的集体活动，感到十分新鲜、兴奋和刺激，她们一个劲地吵吵嚷嚷，瞎乱比划。孙子好不容易才让大家安静下来，他讲解一个简单的命令，然后问大家："都清楚了么？"美女们大声回答："清楚了！"然后，孙子一声令下："开始操练！"结果可想而知，没有一个人执行，大家都笑弯了腰，感觉很好玩。

孙子见此情形，对大家说："是我没有讲清楚，下面重新讲一遍，这次请大家一定听清楚。"于是他重新讲解，之后问美女："这次听清楚了没有？"美女们再次回答："清楚了！"于是孙子再一声令下，可结果还是一样，大家还是嘻嘻哈哈，快乐无比。

孙子说："作为将帅，我已经讲清楚命令了，已经不是我的过错。你们不执行，那是你们的过错，士卒不可尽杀，带头的一定要斩。把两名队长推出去斩了！"吴王大惊失色连忙劝阻："先生啊，我知道你的厉害了，今天就到这吧，千万不能杀我的爱妃啊！"孙子说了千古以来最潇洒的一句话："将在军治兵，君令有所不受！"然后果断斩了两个美人。最后的结果大家都知道了，这支娘子军军令整齐，完全可以为国死战。真是兵不斩不齐，将不斩不勇。

做人感悟

任何组织，如果没有严格的纪律，不能做到令行禁止，它就会失去凝聚力和行动力；只有纪律严明，训练有素，才能破坚克难，无往而不胜。

具有钢铁般的意志力

名人小传

拿破仑·波拿巴(1769—1821),此名字的汉译是"林中之狮"。这个法国科西嘉岛民的迅速崛起让整个欧洲乃至整个世界都无比震惊。拿破仑用火与剑、用智慧与韬略,在四分之一的世纪里,亲自指挥过60多次大战役,其中40多次获胜。拿破仑既是卓越的军事家,同时也是野心勃勃的政治家,面对当权者的无能,他暗下决心,要做一统天下的社稷首领。拿破仑克服了常人很难克服的重重障碍,终于在1804年12月2日,在巴黎圣母院举行加冕典礼,史称拿破仑一世。拿破仑所建立的荣耀使得法兰西人在欧洲赢得前所未有的尊敬。拿破仑的重要功绩还在于他颁布了《拿破仑法典》,确立了资本主义社会的立法规范,至今还发挥着重要作用。拿破仑的军威曾使整个欧洲大陆震颤,他是开创欧洲新纪元的一代英豪,18世纪末至19世纪初欧洲政治军事舞台上的巨人,把欧洲的封建统治制度搅得天翻地覆。虽然他的自负与野心也曾导致过他的失败,但他将永远立于人类历史上千古不朽者的最前列。

1769年8月15日,拿破仑出生于法国科西嘉岛阿雅克修城一个没落贵族家庭。拿破仑在八个兄弟姐妹当中排行老二,从小是个沉默寡言但性格倔强的孩子。当别的兄弟姐妹在花园兴高采烈地玩耍并发出一阵阵愉快的呼喊声时,拿破仑常常一个人悄悄溜走,来到一个石洞里,他斜靠在洞口的岩石上,手拿着书,一边看书一边思考;他还常常接连几个小时凝视着地中海的辽阔海洋和蓝色天空。谁也不知道他的小脑袋瓜里究竟想些什么。

可是,当弱小的伙伴受到欺负的时候,拿破仑便不再沉默了,露出了他生性好斗、脾气暴躁的另一面。他会挺身而出与欺负人的伙伴争吵和打架,直到欺负人者承认错误为止。好在拿破仑有着双重性格,暴怒来得快,消失得也快。这让他在一群小伙伴中显得鹤立鸡群般与众不同。

1779年春天,10岁的拿破仑被送到法国东部布里埃纳城一所公费的军事学校学习。

在布里埃纳军校里，初来乍到的新学员总是被老同学欺负。衣着破旧的拿破仑顿时成为法国贵族子弟的嘲弄对象。他们嘲笑他那贫穷的贵族出身。小拿破仑怒不可遏，狠狠地教训了被他称为"高贵的小丑"们一顿，那些贵族子弟被痛打之后，才发现这个小个子也不是好惹的。

拿破仑在布里埃纳军校一共学习了五年。期间，可以说他没有浪费过一分钟时间。他避开同学们兴高采烈的活动而躲进图书馆，如饥似渴地阅读和研究历史和军事书籍。

1784年，拿破仑以优异的成绩毕业于军校，并作为士官生被推荐进了巴黎军官学校。这所军官学校直属于法国王室，拥有第一流的教官，拿破仑在这里如饥似渴地学习各种知识，也就是在这里，拿破仑对炮兵学科发生了浓厚的兴趣。

拿破仑思想敏锐，有想法总是侃侃而谈，公开发表。他发现整个学校非常的富丽堂皇，学生们过着奢华的生活，当即向校长呈交建议书。他指出这种教育制度是非常有害的，不可能达到政府所期待的目标。他埋怨这种生活方式过于奢华和娇生惯养，不利于学生日后适应军营的艰苦生活。拿破仑未能在军官学校久留，他的上司不喜欢他那傲气、锋芒毕露的性格，提前了他的毕业考试时间。1785年9月，他以优异的成绩通过了毕业考试，并被授予少尉军衔。应拿破仑的要求，他被派往南方的瓦朗斯城的一个炮兵团工作，因为这里离科西嘉比较近，便于他照料家庭。因为父亲去世，本来就不宽裕的家境变得更加艰难。家庭的重担就落在拿破仑肩头。他节衣缩食，把大部分薪水都寄给了母亲，只留下很少一部分，勉强维持自己的生活。当他的同伴把很多的时间用在游玩、喝咖啡和谈情说爱上时，拿破仑却丝毫不允许自己懈怠，废寝忘食地博览群书。

1788年6月，拿破仑随自己的部队开赴奥松城。在这里，他仍然避开太多的社交，不谈情说爱，不寻欢作乐，总是不知疲倦地工作，工作之余继续博览群书，贵族出身的同学及军官对他的歧视，像一只无形的手推动着他去贪婪地学习各种知识，想用所学到的各种知识来武装自己。他渴望从书中找到自由和平等的真理。经过大量阅读、观察、分析和判断，他开始清醒地认识到封建专制制度才是一切苦难的根源，争取平等与自由的观念在他的思想中扎下了深深的根。他很快成了法国革命思想的坚定信徒。

青春励志

成功——让理想照进现实

1793年，法国发生了巨大的变化。这年春天，仇视法国革命的欧洲封建君主组织了第一次反法联军。盘踞在土伦和南方其他几个城市的王党分子为了恢复波旁王朝，竟然允许反法联军的英国和西班牙舰队驶入土伦港，并把拥有30余艘军舰的法国地中海舰队，拱手交给了反法联军。

到9月底，土伦的反法联军已经达到14000人，这一消息震惊了整个法国。法国革命政府为了捍卫新生的革命政权，颁发了全国总动员法令，动员人民团结起来抵御侵略。不久，两支大军便开赴前线，一场著名的土伦战役开始了。

土伦战役先由卡尔托指挥。卡尔托是个纨绔子弟，根本不懂军事，战事进行得很不顺利，炮兵指挥也在围攻战中受伤致残，收复土伦的前景越来越暗淡，法国的革命军处境也越来越危险。就在这危急时刻，一个对拿破仑的军事才华十分敬佩的军官极力推荐拿破仑接替多马尔坦担任土伦部队的炮兵指挥官，并很快就得到了批准，谁也想不到，正是这样一个偶然的机遇，使拿破仑获得了一个崭露头角的舞台。

拿破仑到达土伦前线军营。卡尔托很傲慢地接待了他。卡尔托对拿破仑说："这里根本不需要你来相助。不过，欢迎你来一起分享我的荣誉。"

拿破仑没有理会这些，马上投入到紧张的战备工作中。他很快发现这里的炮兵没有战斗力，火炮数量很少，弹药不足，仅存的几门野炮也是破破烂烂。士兵们没有起码的军事素质，也没有经过认真的军事训练，作为炮兵不会使用火炮，也不会修理维护。

更可笑的是，他的上司卡尔托竟对炮兵方面的起码常识都不懂，对他那仅有的几门炮，连射程有多远都一无所知。面对这样的状况，拿破仑首先想方设法筹集各种火炮。没过多久，便筹集到了近百门大口径火炮及大量的弹药。接着，他专门派人到各地收集一切有用的军械器材，并建立了一个有80名工人的军械厂。为了解决火炮的机动转移和工事构筑问题，拿破仑在当地征用了大量马匹，还在马赛安排生产了几万个供修筑炮垒用的柳条筐。

与此同时，拿破仑还认真地观察了战地，熟悉了整个地区的地理形势。之后，他便制定了攻陷土伦的作战计划。他认为应该首先集中优势兵力，攻占港湾西岸的马尔格雷夫堡，占领克尔海角，然后集中火炮，猛烈轰击英国舰队，彻底切断英国舰队与土伦守军之间的联系，把英舰打出港口。然后，守军没有了退路，也没有援兵，法军不用投入多少兵力，便可迅速攻占土伦。拿破仑这一大胆而独特的作战计划，显示了他敏锐的洞察力和卓越的军事才能。然而，由于年轻和没有名气，他的方案迟迟没得到批准。此后，法军又进行过多次围攻，均以失败而告终。法国国民公会鉴于卡尔托的指挥不力，派出老将杜戈米埃接替了他。杜戈米埃是一个老练的军人，他顽强、勇敢，为人正直，很有军事眼光，他为拿破仑如此大胆而新颖的作战方案惊叹叫绝，并很快批准了这一方案。

但这时英军也同时注意到马尔格雷夫堡和克尔海角的重要性，竟然派出4000人登岸驻守，集中兵力来加强防御。英军扬言马尔格雷夫堡固若金汤。于是，一个月前还是可以轻易取胜的战机坐失了，如今必须以重兵强攻。拿破仑马上着手在北面构筑一个炮兵阵地，准备集中火力猛轰马尔格雷夫堡。

为了攻其不备，拿破仑带领士兵用树枝对阵地周围进行了巧妙的伪装。因此，敌军对这项行动毫无察觉。总攻土伦的日子终于临近了。11月下旬，前线司令部最后确定了进攻作战计划。12月上旬，革命军的援军全部到达，总兵力达38000人，超过了守军一倍以上，12月中旬，突击部队和炮兵都按预定计划进入指定区域，完成了最后的进攻准备。

12月14日，对土伦的总攻正式打响。法军使用45门大口径火炮，集中地向马尔格雷夫堡猛烈轰击。一排排炮弹掠空而过，反法联军阵地顷刻之间变成火海。在法军猛烈炮火的轰击下，联军精心构筑的防御工事很快被摧毁瓦解。法军用猛烈的炮火整整轰击了两天两夜，直到16日晚，才正式发起冲击。

当时天色很黑，正赶上电闪雷鸣，海风呼啸,大雨滂沱，炮声骤停，整个战场被黑暗和恐怖笼罩着。午夜一点钟，杜戈米埃将军一声令下，法军6000人，从南北两翼开始攻击，直扑马尔格雷夫堡。尽管马尔格雷夫堡受到法军48个小时的炮击，但在法军进攻时，敌人仍在负隅顽抗。整连整连的法军在黑暗和混乱中走错了方向。敌人猛烈的炮火使得大批法国士兵倒下。

几次进攻都被击退之后，法军许多官兵开始有些不知所措，甚至产生了动摇。就在这关键时刻，拿破仑率领预备队冲了上来。他身先士卒，冲锋陷阵，他的战马被炮弹炸死，他的小腿受伤，但仍然坚持指挥战斗。拿破仑灵机一动，命令炮兵大尉率领一个营沿一条曲折的小路盘旋上山，出其不意地从后门攻入马尔格雷夫堡。凌晨三时许,这个营突入马尔格雷夫堡炮台,给后续部队撕开了一个缺口,许多英国和西班牙炮兵还没明白过来是怎么回事,便被打死在大炮上。

法军一举占领了马尔格雷夫堡后,立即调转炮口向敌人猛轰。敌人在拂晓前夕又投入预备队大举反攻,企图夺回马尔格雷夫堡,终被打退。战斗一直持续到天亮,敌军感到大势已去,放弃了毫无意义的反攻。

17日上午10时,法军在稍事休整后,再次向敌军发起猛攻,又经过几个小时的激烈战斗,终于占领了克尔海角。三色旗在马尔格雷夫堡和克尔海角上空高高飘扬。

18日,法军完全收复了土伦城。这一捷报立即传遍了整个法国,许多人无法相信土伦这个被看做是无法攻克的堡垒竟会陷在名不见经传的拿破仑之手。拿破仑也因这次战役从一个普通军官一跃成为名声大噪的风云人物,由于杜戈米埃将军提名,拿破仑于1794年2月6日,被国民公会任命为意大利军团的炮兵指挥。从此开始了他更加灿烂辉煌的人生。

拿破仑获得成功的主要原因就是他具有钢铁般的意志和无以伦比的执行力,面对讥讽、凌辱、欺侮,他学会用铁的事实证明自己的价值。人的内在精神如果没有遭到巨大的打击和刺激,是永远不会显露出来的。这种神秘的力量深藏在人体的最深处,非一般的刺激所能激发,一旦人的潜能被激发出来,便会产生出一种新的力量来,做从前所不能做的事。

如果拿破仑在年轻时没有遇到什么窘迫、绝望,那么他决不会如此多谋、如此镇定、如此刚勇。巨大的危机和事变,往往是爆发出许多伟人的火药。当他在战场上见到遍地的伤兵和尸体时,他内在的"狮性"就会突然发作起来,打起仗来他就会像恶魔一样勇敢。艰难的情形、失望的境地和贫穷的状况,在历史上曾经造就了许多伟人。

拿破仑一生中所获得的每一个成功,都是与艰难苦斗的结果,所以,他对那些不费力而得来的成功,反倒觉得有些靠不住。他觉得,克服障碍以及种种缺陷,从奋斗中获取成功,才可以给人以喜悦。艰难的事情可以检验他的力量,考验他的才干;他反而不喜欢容易的事情,因为不费力的事情,不能给予他振奋精神、发挥才干的机会。当巨大的压力、非常的变故和重大责任压在一个人身上时,隐伏在他生命最深处的种种能力,才会突然涌现出来,才会攻无不克地做出种种大事来。

做人感悟

我们知道，成功在于发挥优势而不是克服弱点，弱点人人都有。同样，在少年时代的拿破仑身上，他身上的缺点是喜欢动手打架。如果拿破仑面对别人的挖苦，面对贵族子弟的锦衣玉食羡慕不已，也学着他们那样的方式生活，那这世界上可能不但没有拿破仑这样的一个英雄人物，反倒会多了一个无赖，或者罪犯。拿破仑身上的优点是勤奋，是智慧，是忍耐力。世界上有两种人：一是不知道自己到底能做什么，只会羡慕别人成功的人；二是知道自己该做什么，但就是做不好的人。实际上，这两种人都共同存在一个问题，即不知道自己的强项是什么，或者说，不知道通过自己的强项去获取成功的方法。因此，逆境会像恶魔一样缠绕在他们身上，引起他们的恐慌。成功者把战胜逆境当成自己的强项。如果拿破仑是生长在一个衣食无忧的庄园里，从来没有领教过什么叫做屈辱与歧视，也许他永远不会做到法兰西国王的宝座，也永远不会成为历史上的伟人。因为如果一个人处在安逸舒适的生活中，便不需要自己的多少努力，不需自己的个人奋斗。拿破仑之所以这般伟大，是因为他不断地与逆境苦斗着。所以说，处在绝望境地的奋斗，往往最能启发人潜伏着的内在力量；没有这种奋斗，便永远不会发现真正的力量。

拿破仑身处逆境所采取的姿态，是不是值得我们去思考和效仿呢？

重义轻利者富，重利轻义者穷

台湾著名作家、画家刘墉经常去一家书画店裱画，而且一次裱画就十几张，虽然装帧费不是一笔小数目，但他从来不与裱画店的老板讨价还价，因为老板曾经对他说："生意不是一天的。"

刘墉去印书的时候，经常一次就是上万本，虽然那也不便宜，但他从来不叫印刷厂先送估价单，然后"货比三家"。因为刘墉曾对老板说："生意不是一天的。"

"生意不是一天的"，这句话反映了义和利的和谐统一。

裱画店从来不多要刘墉的钱，因为以后还有更多的生意；印刷厂给刘墉的价钱一向公道，因为他们明白，只要一次不实在，以后的生意就都没有了。

在这个故事里，刘墉、书画店老板、印刷厂老板都持有富人的思维方式。

先取义，最后达到义利双收的目的。三国时期的枭雄刘备就明白这个道理。所以，他最终也成了富人——三分天下有其一，坐拥天府之国。

防守徐州的陶谦被曹操大军围困，知道凭借自己的力量支撑不了多久，于是就向其他割据势力发出了求援信。刘备在东汉末年的割据势力中，一向以仗义著称，是个敢于为朋友两肋插刀的汉子。他得知这个消息之后，二话没说，带上自己的精锐部队就杀奔徐州。

刘备的部队在徐州城下与曹操手下大将于禁率领的部队打了一场遭遇战，初战告捷。于是刘备写信给曹操，希望曹操以国家大义为重，撤走围困徐州的部队。正好这时候曹操家后院起火，吕布攻占了兖州，又进占了濮阳，威胁到了曹操的后方。于是曹操见台阶就下，顺势卖了个人情，接受刘备的建议，退兵回家灭火去了。此时的陶谦已经快到了退休的年龄，感觉自己实在没有精力再进行割据斗争了，而自己的儿子们又没有治理徐州的能力。通过这次解救徐州，陶谦认为只有刘备是治理徐州的合适人选，所以先后三次主动提出将徐州让给刘备治理。

刘备三次都辞谢了陶谦的美意。直到陶谦死后，徐州军民都认为刘备忠厚仁慈，又有能力，所以极力拥戴刘备接收徐州。关羽、张飞也再三相劝。至此，刘备才接受徐州大权，担任了徐州牧。

刘备急他人之急，见朋友有难抄家伙就上。他不乘人之危，夺人之地，体现了他的忠厚仁义，为他赢得了好的声望，为以后成就霸业打下了坚实的基础。其实，刘备的先义后利，最后是义利双收，成了最大的赢家，赢得了徐州之地、徐州的财富。而那些眼中只有利益，哪怕是蝇头小利也要上的人，他们最终不但不能得到真正的利益，还有可能会因此而葬送自己的前途。

让我们再一次回到战火纷飞的三国时代。这个时代曾经造就了很多成功者，同样也涌现出了无数的失败者。这些失败者中，不乏目光短浅、见利忘义之辈。其中，吕布可以算是此辈人中的代表人物。

吕布起初是荆州刺史丁原的主簿。董卓入京后，见吕布勇武，就施与小恩小惠拉拢他。于是，这位三国第一猛将为了利益，毅然决然地杀死了自己的干爹丁原，率领着他的部队到自己的新干爹董卓那里去实现人生价值了。

没过多久，他又看上了干爹的小蜜（尽管这是司徒王允设计的连环计），于是准备再一次"大义灭亲"。不料被董卓发现，只好仓皇出逃。后来，他先是趁曹操后院空虚的时候占领了兖州，然后又忽悠了收留自己的刘备。可见，在吕布的眼中，只有永恒的利益，而义气二字对于他来说就是狗屁。

　　最终，这位见利忘义的一代宗师，也因为自己属下的叛变而死于非命。可见，见利忘义者的下场都是非常可耻的。

　　不仅古代有这样见利忘义的小人，在现代也有这样的事情。

　　流行音乐天王迈克尔·杰克逊有一颗童心，他按照童话故事中的描述，建造了梦幻庄园，经常邀请孩子们来玩。1992年，已经成为"流行天王"的杰克逊与12岁的钱德勒成了好朋友。

　　1993年8月，钱德勒告诉精神医师，杰克逊与他发生了"性关系"。在父亲埃文的提示下，钱德勒对杰克逊提出指控，"变童案"爆发。警方对杰克逊的梦幻庄园展开大搜查。随后，杰克逊与男孩的家人达成庭外和解并支付了2330万美元的赔偿金。但在协定中,杰克逊否认自己犯有任何罪行。

　　就在杰克逊去世后仅三天，当年的"变童案"的主角突然站出来承认当年曾撒谎，并向迈克尔·杰克逊道歉。也许是因为对杰克逊的去世感到懊悔，已经年近三旬的钱德勒终于说出实情了。他在录音带中说："我从未想过要撒谎并毁坏杰克逊的名誉，但我爸爸为了钱让我撒谎。他告诉我，我这么干不会有什么损失，而且我可以得到想要的一切。我对杰克逊感到无比的内疚，不知他是否会原谅我。"

　　无论是有意还是无意，钱德勒因为金钱污蔑朋友，并给这位流行音乐天王造成了不仅是金钱上的损失。而钱德勒自己，最终也只能生活在无穷无尽的后悔与痛苦之中。虽然他得到了自己想要的，成了千万富翁，但是在世人的心目中，他永远只是一个有钱的骗子。他得到了钱财，却不会有人把他当做朋友。

　　见利忘义是人类的一种原始本能。在面对利益诱惑的时候，有的人懂得重义轻利，于是他们获得了成功，成为富人；而有的人则重利轻义，于是这些人就成为了失败者，只能永远做个穷人。

　　许多人在朋友面前，就是因为几个小钱，最后大家都闹翻，甚至亲兄弟反目成仇。在他们的眼睛里，利永远是大于义的。因为他们总是认为自己的利大于自己的义，重利轻义的事情做起来就理所当然了。

　　这样的人，就永远只会是穷人，不论他们曾经得到过多少次的"利"。

也有很多人，在利的面前，能够坚守原则。他们知道什么才是最重要的，他们为了兄弟可以两肋插刀，为了义可以放弃利，可以放弃自己的一切。这样的人，虽然并不一定都在最后成为了富人，但是他们富人的思维方式，最终将帮助他们更快步入富人们的行列。

老李和老王，他们在钓鱼的时候认识了，一来二去就成了非常要好的朋友。休息的时候，两人就相约一起出来钓鱼、喝酒、聊天。只不过他们在聊天的时候都没有问过对方的工作和职业。

其实，这两个人都是成功人士，都是比较有实力的企业家。后来，老王知道了老李的身份，而且知道他的企业和自己的企业在业务上有很多可以合作的地方。但是他并没有声张。不久，老李也知道了老王的身份，也明白了两人有合作的可能。

于是，老李找到了自己的朋友老王，开门见山地要和他合作。他认为，两个人已经是好朋友了，一起做买卖一定没问题。出人意料的是，老王拒绝了他的要求。老李十分不理解，就问老王这是为什么。

老王说，我们不能合作就是因为我们是朋友。我们之前不知道对方的身份，所以我们成为了无话不说的好朋友。可是一旦我们合作做生意的话，我们的友谊之中就会掺杂进很多利益的成分。我们都是凡人，见到利益都会心动，我怕利益会毁了我们好不容易才建立起来的友谊！

老李听了以后非常气愤，认为老王太不够朋友了，明摆着两个人都能获得利益的事情却不做。他觉得老王已经没有交往下去的价值了，于是拂袖而去。看着老李远去的背影，老王叹了一口气：还没获得利益呢，就先和朋友反目成仇，看来老李还是把利益看得太重啊！

过了几年，老李因为在生意场上唯利是图，最终落得个血本无归。而老王则因为重义轻利、忠厚仁义而获得了更多的财富。

做人感悟

利和义，其实是一个硬币的两面。失去了义，利也显得苍白无力；有了义，在它背面的利，转眼之间也就能看到了。

所以，我们需要时刻记住：要想做一个富人，就必须首先做到重义轻利，而千万不要像穷人们那样重利轻义。

第二篇

健全心理

在被别人肯定之前先肯定自己

他出生于意大利威尼斯一个商人家庭，本来应该拥有幸福的生活。但战争毁掉了父亲的生意，一家人被迫迁居法国。母亲没有工作，父亲无力东山再起，全家的重担都落在他稚嫩的肩膀上。

此时，他在一家红十字会打工，靠着勤奋和聪明，他当上了一名小会计。但会计的收入很低，根本就应付不了一家人的生活开支。而他连一件像样的衣服都买不起，只好自己做。

1949年的一个阴雨绵绵的日子里，在巴黎一个酒吧中，17岁的他独自一人喝着闷酒。

这时，一位衣着华贵的伯爵夫人坐到小青年的旁边，并和他说话。

"你身上的衣服是从哪儿买来的，做得很不错？"

"我自己做的。"

"自己做的？"伯爵夫人显得很吃惊，但她肯定地说，"孩子，努力吧，你一定会成为百万富翁的！"

"我的衣服做得很不错！我一定会成为百万富翁的！"他心头的阴云立即消散了，因为还从来没有一个人这样评价他，何况，眼前还是一个有地位有身份的贵夫人哩。

1950年，坚信自己能够成为百万富翁的他租了一间简陋的门面，开了一家服装店。就在这一年，他为著名影片《美女与野兽》设计过剧装，并且主办了一次服装展示会。此后，他的事业步入快车道，一步一步向他的目标靠进。

1974年12月，美国《时代》杂志封面刊登了他的照片，并称他为"本世纪欧洲最成功的设计师"。

他就是皮尔·卡丹。

有人说，在法兰西文明中，有四个知名度最高、地位最突出：艾菲尔铁塔、戴高乐总统、皮尔·卡丹服装和马克西姆餐厅。四个中的后两个，都是皮尔·卡丹的。如今的皮尔·卡丹，早已超越了百万富翁的目标。在世界上80多个国家里，有600多家工厂在按他的设计制造"皮尔·卡丹"牌服装和"马克西姆"牌的各种产品，他拥有5000多家专卖店，年营业额超过100亿法郎。

无独有偶，美国黑人孩子罗杰·罗尔斯出生于纽约的贫民窟里。

受环境的影响，他有着种种恶习，诸如打架、骂人、逃学……这让每一个教过他的老师都感到很头疼。

新学期时，学校里新来个一位小学教师，他叫保罗。

其实，保罗早就听说了这些孩子的"事迹"，但他想改变这些孩子们，让他们走上一条健康成长的道路。

刚开始的时候，保罗只是苦口婆心地劝说这些孩子们，希望他们做一个有理想有抱负的人。但结果毫无作用。很快，保罗想到一个"好主意"，用迷信的方式去教育孩子们，因为这里的人非常迷信。

那天上课时，保罗说："我知道你们都不想上课，今天这节课我们就不上了。"孩子们发出一阵欢呼声。

保罗继续说："在我读书的时候，学校的不远处有一个原始部落，部落里有一位巫师。当地人遇上任何问题时，都会去请巫师占卜。那个巫师还会给人看手相，那时候我请他给我看了手相，他说我以后会成为老师。你们看，现在我不是成了老师吗？当时，我还跟着巫师学会了看手相，我通过看手相，可以知道每一个人的未来。今天，我就给你们看看手相。"

孩子们十分兴奋，又发出一阵欢呼声。

保罗让孩子们坐好，他一个一个给他们看手相。罗杰斯是最后一个，他已经有些忍不住了，他好想把小手伸出去给老师看手相，可是他又怕自己的命不好，因为从小到大就没有一个人喜欢过他，没有一个人说过他将来会有出息。

保罗看罗杰斯犹豫不决的样子，一下子就知道孩子在担心什么了。他走到孩子身边，对他说："每一个孩子都得看手相，你也不能例外。我看手相看得相当准的，从来没有出现过推测错误。"

罗杰斯紧张地看着老师，最终还是把手伸了过去。

保罗煞有介事地把那只脏兮兮的小手仔仔细细地翻来覆去研究了很久，然后他盯着罗杰斯非常认真、非常确信地说："你好棒哦，你以后会成为纽约州的州长!"

罗杰斯简直不敢相信自己的耳朵:自己会成为纽约州的州长吗?但他坚信老师说的没错,因为老师说了,他看手相看得很准的。他感激地看着老师,并在心中确立了成为州长的信念和目标。

从那以后,孩子们打架、逃学的事件一天天少了。罗杰斯变化最大,改掉了一切毛病。那群孩子长大以后,真的有不少人成为富翁或名贵。而罗杰斯也在51岁那年成了纽约州第53任州长,并且是美国历史上第一位黑人州长。

皮尔·卡丹和罗杰斯都是在得到别人的肯定后,才改变了自己的。显然,得到他人的肯定是很重要的,但更为重要的是获得自己的肯定。生活中,并非每个人都会得到别人的肯定,纵然有某个人、某些人肯定过你,但在你成功之前,很有可能会被别人否定,尤其是当自己又面临失败时。著名作家刘墉在《肯定自己》一书中写道:"我不认为自己成功,但我始终追求一个比昨天成功的自己。我也不认为自己有过人的才智,但我不信努力的成果会不如人。我永远奉为座右铭的话是:每个人都应当从小就看重自己!在别人肯定你之前,你先要肯定自己!"确实,刘墉当初找人出版《萤窗小语》时,遭到拒绝。后来干脆自己出书,上市后竟然大受欢迎。其实,别人的肯定是一时的,只有自己肯定自己才是长久的。

有不少人不乏他人的肯定,但自己仍然不相信自己,结果一生平平。与此同时,我们要记住,当自己做出了成绩时,不要总期待着别人来赞许,自己也要为自己鼓掌,对自己说"OK"。作家劳伦斯·彼德曾评价过这样一些歌手:为什么有些名噪一时的歌手最后会以悲剧结束一生?究其原因,就是因为他们靠观众的掌声来肯定自己。可当舞台的帷幕徐徐关闭后,他们卸去热闹,顿生凄凉。

做人感悟

其实,这个世界上不管是谁,总会有不喜欢自己或者嫉妒自己的人,他们承受不了这种打击。人生既然有不能承受之重,我们何不在被别人肯定之前先肯定自己!

自信是成功的首要因素

名人小传

小泽征尔，日本当代杰出的音乐指挥家。1935年9月1日生在中国沈阳，全家于太平洋战争爆发前回日本。先学习钢琴，1951年考入桐朋学园音乐系，拜日本著名指挥家斋藤秀雄为师。1958年以优异成绩毕业，1959年赴巴黎，当年9月参加贝桑松国际指挥比赛夺魁，1960年又在美国伯克郡音乐节指挥比赛中夺魁，在美国学习半年后，又在国际卡拉扬指挥比赛中夺魁。1961年被聘为纽约爱乐乐团副指挥。1963年指挥芝加哥交响乐团获极大成功。1965—1969年，任加拿大多伦多交响乐团音乐指挥和常任指挥。小泽征尔指挥明快，从容不迫，气派大，具有敏锐的节奏感和色彩感。

在世界乐坛上流传着一个非常动听的故事，故事的主题就是小泽征尔勇于挑战权威：

那是一场比较有影响的音乐演奏指挥大赛，和许多人一样，小泽征尔也参加了这场指挥大赛。轮到他出场的时候，只见他举止从容地走上台来，先向评委们恭敬地鞠了一躬，然后转身面向他要指挥的乐队。他将手中的指挥棒轻轻一挥，乐队开始演奏起来，音乐声舒缓地在大厅中响着。刚开始的时候，演奏还很正常，可是，随着演奏的进行，小泽征尔发现曲调越来越不和谐。这时，一个念头忽然在他头脑中闪过：乐队演奏有问题，里面有错误！想到这里，他马上示意乐队停下来，然后重新开始进行演奏。但第二次的演奏还是不能使他感到满意，乐曲中间总出现那么几个显得很突兀的音符，听到耳中极不舒服。

于是，小泽征尔再一次表示停止演奏。这一次，他转身向评委提出："这乐谱有错误。"

"这是不可能的，乐谱是不可能出现错误的。"其中的一位评委十分肯定地说。"不会有错，你放心，这可是标准的乐谱。"另一位评委也随之肯定地议。

这些评委可都是很有声望的音乐大师，在当时的音乐界是很有权威的人士呀！此时，场内所有人的目光都集中到了小泽征尔的身上，小泽征尔把头低下，站在那儿静静地冥想了一会儿，然后，他忽然大吼一声："不，我肯定这乐谱有错误！"

在这瞬间，整个音乐厅内鸦雀无声，时间仿佛也在此时凝固了。可是片刻过后，评委席上突然响起热烈的掌声……原来，这是评委们故意设计的一个圈套，以此来检验参赛的指挥家是否具有很强的自信心，能够坚持自己的判断。

做人感悟

坚持自己的观点，这不是一件容易的事，是对一个人自信心的最大考验。小泽征尔就经受住了考验，这为他将来成为一名举世闻名的大指挥家奠定了很好的基础。

莎士比亚说得好："自信是走向成功的第一步，缺乏自信是导致失败的原因。"我们每一个人都可能成为英雄，成就辉煌，只要我们相信自己。

相信自己是最优秀的人

据说，苏格拉底在知道自己时日不多了之时，想考验和点化一下他的那位平时看来很不错的助手。他把助手叫到床前说："我生命的蜡所剩不多了，得找另一根蜡接着点下去，你明白我的意思吗？"

"明白，"那位助手赶忙说，"您的思想光辉是得很好地传承下去……"

"可是，"苏格拉底慢悠悠地说，"我需要一位最优秀的传承者，他不但要有相当的智慧，还必须有充分的信心和非凡的勇气……这样的人选直到目前我还未见到，你帮我寻找和发掘一位好吗？"

"好的，好的，"助手很温顺也很尊重地说，"我一定竭尽全力地去寻找，以不辜负您的栽培和信任。"

苏格拉底笑了笑，没再说什么。

名人小传

苏格拉底约出生于公元前469年，是古希腊唯心主义哲学家。他早年曾从事雕刻，以后在雅典从事哲学研究和教学，政治上属于奴隶主贵族派。民主派当政后，他以传播异说、败坏青年、反对民主的罪名被控处死。他的哲学以研究社会伦理道德为主。他重视伦理学，认为知识和行为是有联系的，强调"美德即知识"，认为知识包含着一切的善，只有天生有知识的人才具有美德，才能担当治理国家的责任。在逻辑学方面，他首次提出归纳和定义的方法。他没有著作传世，只是用口头方式传播自己的观点，其言行大都见于与弟子柏拉图的一些对话和色诺芬的《苏格拉底言行回忆录》中。

那位忠诚而勤奋的助手，不辞辛劳地通过各种渠道开始四处寻找了。可他领来一位又一位，总被苏格拉底一一婉言谢绝了。当那位助手再次无功而返地回到苏格拉底病床前时，病入膏肓的苏格拉底硬撑着坐起来，抚着那位助手的肩膀说："真是辛苦你了，不过，你找来的那些人，其实还不如你……"

"我一定加倍努力，"助手言辞恳切地说，"找遍城乡各地、找遍五湖四海，我也要把最优秀的人选挖掘出来，举荐给您。"

苏格拉底笑了笑，不再说话。

半年之后，苏格拉底眼看就要告别人世了，最优秀的人选还是没有眉目。助手非常惭愧，泪流满面地坐在病床边，语气沉重地说："我真对不起您，令您失望了！"

"失望的是我，对不起的却是你自己，"苏格拉底说到这里，很失望地闭上眼睛，停顿了许久才不无哀怨地说，"本来，最优秀的人就是你自己，只是你不敢相信自己，才把自己给忽略、给耽误、给丢失了……其实，每个人都是最优秀的，差别就在于如何认识自己，如何发掘和重用自己……"话没说完，一代哲人就永远离开了他曾经深切关注着的这个世界。

那位助手非常后悔，甚至后悔、自责了整个后半生。

做人感悟

一个人不管干什么，如果对自己没有信心，甚至产生怀疑，那么，他的人生必定笼罩在阴影之中。

一个人不管是什么身份、地位，或取得过多少成绩，如果对自己不能拥有足够的自信，那么，他必定难以获得成功。

只有我们努力制止潜意识中对自己的怀疑态度，把精力集中在眼前发生的事情上，才能排除阴暗的心理，才能创造连自己都不敢相信的奇迹。

不怕挫折的人是不可战胜的

为了生活有更好的保障，大仲马在巴黎工作之余，经常替法兰西剧院誊写剧本，以增加收入。许多精妙的剧本让他深为着迷，常常忍不住放下誊写的剧本，动手写自己的剧本。有一天他来到法兰西剧院，径直走进当时著名的悲剧演员塔玛的化妆室，张口就说："先生，我想成为一个剧作家，你能用手碰碰我的额头，给我带来好运气吗？"塔玛微笑着把手放在他的额头上，说："我以莎士比亚和席勒的名义特此为你这个诗人洗礼！"大仲马一点儿也没在意这位大演员善意的玩笑，他把手放在自己的胸口上，郑重其事地说："我要在你和全世界人面前证实我能做到！"

然而，大仲马花了三年时间写出的大量剧本，没有一个被剧院接受并上演。直到1928年2月11日傍晚，法兰西剧院才给他送来一张便条："亚历山大·仲马先生，你的剧作《亨利三世》将于今晚在本院演出。"大仲马手忙脚乱地穿好衣服时，才发现自己没有体面的硬领，他连忙用硬纸剪了个硬领，套在脖子上便飞奔剧院。但是到了剧院他却无法靠近舞台，因为连座席间的通道上都站满了观众。直到演出落幕以后，剧院主持人请剧作家上台时，大仲马才得以出现在台前。顿时，暴风雨般的喝彩声响彻了剧场。当时的报纸如此描述他："他的头昂得那么高，蓬乱的头发仿佛要碰到星星似的。"这个带着硬纸领子的混血儿一举成名，一夜之间成了巴黎戏剧舞台上的新帝王。

紧接着，大仲马的另一个剧本《安东尼》演出后也获得了巨大的成功。短短的两年时间里，大仲马在巴黎成了最走红的青年剧作家。尽管如此，巴黎的许多贵族和一些文坛名家们仍然蔑视他的出身，嘲讽他的黑奴姓氏。甚至像巴尔扎克这样的大家也不放过嘲笑他的机会。在一个文学沙龙里，巴尔扎克拒绝与大仲马碰杯，并且傲慢地对他说："在我才华用尽的时候，我就去写剧本了。"

大仲马断然地回答道："那你现在就可以开始了！"

巴尔扎克非常恼火，进一步侮辱大仲马："在我写剧本之前，还是请你先给我谈谈你的祖先吧——这倒是个绝妙的题材！"大仲马也火冒三丈地回答他："我父亲是个克里奥尔人，我祖父是个黑人，我曾祖父是个猴子；我的家就是在你家搬走的地方发源的。"

做人感悟

充满自信，不怕挫折的人是不可战胜的，不管他面对的是外界的困难，还是来自别人的压力。

一只巴掌也能拍响

一条项链的强度取决于最弱的那一扣；一个周边高矮不齐的木桶，其盛水量不取决于最长的那块板，而取决于最短的那块板。衡量我们的心理承受能力，也要看其中"最弱的那一扣"和"最短的那块板"。

1940年6月23日，在美国一个贫困的铁路工人家庭，一位黑人妇女生下了她一生中22个孩子中的第二十个孩子，这是一个女婴。接连不断生孩子，让这个贫困的家庭更加捉襟见肘，连怀孕的母亲也经常饿肚子，孕妇的营养不良，导致孩子早产，这就注定了她的先天发育不良。

更加不幸的是，4岁那年她不幸同时患上双侧肺炎和猩红热。在那个年代，肺炎和猩红热都是致命的疾病。然而，这个孩子却奇迹般地挺过来了。尽管她勉强捡回一条命，她的左腿却残疾了，因为猩红热使她患小儿麻痹症，不要说像其他孩子那样欢快地跳跃奔跑，就连平常走路都做不到。她只能靠拐杖来行走。

寸步难行的她非常悲观忧郁,当医生叫她做一点运动,说这对她恢复健康有益时,她就像没有听到一样。

随着年龄的增长,她的忧郁和自卑越来越重,甚至她拒绝所有人的靠近。但也有一个例外,邻居家那个只有一只胳膊的老人却成为她的好伙伴。

老人是在一场战争中失去胳膊的,他很乐观。她很喜欢听老人讲故事。有一回,她被老人用轮椅推着到附近的一所幼儿园去玩,操场上孩子们动听的歌声吸引着他们。当一首歌唱完,老人说:"我们为他们鼓掌吧!"她吃惊地看着老人,问:"我的胳膊动不了,你只有一只胳膊,怎么鼓掌啊?"老人对她笑了笑,解开衬衣扣子,露出胸膛,用手掌拍起了胸膛……

那是一个初春,风中还有几分寒意,但她却突然感觉自己的身体里涌动起一股暖流。

老人对她笑了笑,说:"只要想办法,一只巴掌同样可以拍响,只要努力,无论现在遭遇多大的不幸,你一样能站起来!"

就在那天晚上,她让父亲写了一张纸条,贴到了墙上,上面是这样的一行字:一只巴掌也能拍响。

从此以后,她开始配合医生做运动。不管多么艰难和痛苦,她都咬牙坚持着。有一点进步了,她又以更大的坚韧,来求取更大的进步。甚至父母不在时,她自己扔开支架,试着走路……蜕变的痛苦牵扯到筋骨,但她坚持着,她相信自己能够像其他孩子一样行走、奔跑,她要行走,她要奔跑……

11岁时,她终于扔掉支架,她又向另一个更高的目标努力着,她开始锻炼打篮球和参加田径运动。

13岁那年,她决定参加中学举办的短跑比赛。靠着惊人的毅力一举夺得100米和200米短跑冠军,震惊了校园,她也从此爱上了短跑运动。

在1956年奥运会上,16岁的她参加了4×100米的短跑接力赛,并和队友一起获得了铜牌。

1960年罗马奥运会女子100米跑决赛,当她以11秒18的成绩第一个撞线后,掌声雷动,人们都站立起来为她喝彩,齐声欢呼着这个美国黑人的名字:威尔玛·鲁道夫。

那一届奥运会上，威尔玛·鲁道夫成为当时世界上跑得最快的女人，共摘取了3块金牌。也是第一个黑人奥运女子百米冠军。

做人感悟

很多时候，我们身体发生了不幸，以致不能像正常人一样去打拼，我们就会怨天尤人。事实上阻止我们向前冲的，并非别人，而是我们放弃了再站起来向前冲的打算；我们输的不是在身体上，而是在心理承受能力上。著名的科学家居里夫人说："我的最高原则是：不论任何困难，都决不屈服！"良好的心理承受与战胜不幸的能力，受到不幸后的恢复能力和百折不挠，向自己挑战的精神，是成功人士不可缺少的素质。记住，无论何时都不要放弃希望，哪怕只剩下一只胳膊，也要用胸膛去迎接生活；无论何时都不要放弃梦想，哪怕残疾到无法行走，也要用心灵去飞翔。

别为打翻的牛奶哭泣

名人小传

戴尔·卡耐基，美国著名成人教育家。他运用心理学知识，对人类共同的心理特点进行探索和分析，开创和发展了一种融演讲术、推销术、做人处世术、智力开发术为一体的独特的成人教育方式。美国卡耐基成人教育机构、国际卡耐基成人教育机构和它遍布世界的分支机构，多达一千七百余个。接受这种教育的，不仅有名星巨商、各界领袖，也有军政要人、内阁成员，甚至还有几位总统，人数多达几千万，改变了几代人的生活。

卡耐基的事业刚起步时，在密苏里州举办了一个成年人教育班，并且陆续在各大城市开设了分部。他花了很多钱在广告宣传上，同时房租、日常办公等开销也很大，尽管收入不少，但在过了一段时间后，他发现自己连一分钱都没有赚到。由于财务管理上的欠缺，他的收入竟然刚够支出，一连数月的辛苦劳动竟然没有什么回报。

对此，卡耐基很是苦恼，不断地抱怨自己的疏忽大意。这种状态持续了很长一段时间，整日里闷闷不乐，神情恍惚，无法将刚开始的事业继续下去。

最后卡耐基去找中学时的生理教师乔治·约翰逊。

"不要为打翻的牛奶哭泣。"

聪明人一点就透，老师的这一句话如同醍醐灌顶，卡耐基的苦恼顿时消失，精神也振作起来。

"是的，牛奶被打翻了，漏光了，怎么办？是看着被打翻的牛奶哭泣，还是去做点别的。记住，被打翻的牛奶已成事实，不可能被重新装瓶回中，我们唯一能做的，就是找出教训，然后忘掉这些不愉快。"

这段后来卡耐基经常说给学生，也说给自己。

做人感悟

打翻的牛奶覆水难收，只有不断从失败中找到教训，振作精神，重新找到你的定位，锲而不舍地追求下去，应坚信你会成功的。

用微笑把痛苦埋葬

著名作家伊丽莎白·康黎写了很多作品，其中《用微笑把痛苦埋葬》一书，颇有影响。书中有这样几句话："人，不能陷在痛苦的泥潭里不能自拔。遇到可能改变的现实，我们要向最好处努力；遇到不可能改变的现实，不管让人多么痛苦不堪，我们都要勇敢地面对，用微笑把痛苦埋葬。有时候，生比死需要更大的勇气和魄力。"

二战期间，她在庆祝盟军于北非获胜的那一天，收到了国防部的一份电报：她的独生子在战场上牺牲了。

那可是她最爱的儿子，世界上她唯一的亲人，那是她的命啊！她无法接受这个突如其来的严酷事实，精神接近了崩溃的边缘。她心灰意冷，痛不欲生，决定放弃工作，远离家乡，然后就结束自己的生命。

就在她清理行装的时候，忽然发现了一封几年前的信，那是她儿子在到达前线后写的。信上写道:"请妈妈放心,我永远不会忘记你对我的教诲:不论在哪里,也不论遇到什么灾难,都要勇敢地面对生活,像真正的男子汉那样,能够用微笑承受一切不幸和痛苦,我永远以你为榜样,永远记着你的微笑。"

她热泪盈眶,把这封信读了一遍又一遍,似乎看到儿子就在自己的身边,那双炽热的眼睛望着她,关切地问:"亲爱的妈妈,你为什么不照你教导我的那样去做呢?"

伊丽莎白·康黎打消了背井离乡结束生命的念头,一再对自己说:"告别痛苦的手只能由自己来挥动。我应该用微笑埋葬痛苦,继续顽强地生活下去,我没有起死回生的能力改变它,但我有能力继续生活下去。"

就这样,伊丽莎白·康黎活了下来,并发誓一定要有所作为,最后终于成为一名优秀的作家。

做人感悟

戴尔·卡耐基说:"人人都渴望幸福,但幸福之路只有一条,简单地说,就是改变自己的心情。"人生既是快乐史,也是痛苦史。生活中,每个人会感受到快乐,也会遭遇痛苦。不同的是,有的人快乐多于痛苦,有的痛苦多于快乐。快乐的人并非没有痛苦,而是善于化解痛苦,变消极心态为积极心态,尽可能地保持快乐心情;痛苦的人并不是命运不好,而是自己不会改变心情,快乐的事到他那里也会变成痛苦。让我们学会化解痛苦,用微笑把痛苦埋葬吧。

别受环境和别人的影响

1916年6月15日,"蓝凫"进行首飞。由于当时航空技术尚不成熟,极易发生飞行事故,合作伙伴韦斯特维尔特极力阻止波音驾机首飞。但波音却回答说:"我已经决定了,祝我成功吧!"波音本人驾驶"蓝凫"在西雅图联合湖上升空。一会儿向左,一会儿向右,还做了S形飞行,然后靠盘旋缓缓降落于湖面上,首飞成功了!后来这架"功勋飞机"卖给了新西兰航空公司投入运营，它的一架复制品陈列在波音公司的飞行博物馆中。

同年7月15日，波音创建太平洋飞机制造公司。创业之初，公司的员工仅16人。波音启用华裔航空工程师王助任公司总工程师，负责设计双座双浮筒水上飞机——C型机。很快得到了海军50架订单，成为公司所攫得的"第一桶金"，于是迅速发展起来，波音将公司定名为波音公司。

现在的波音公司成为世界上最大的飞机制造企业，公司生产的各种型号的"波音"飞机，几乎飞遍了地球上各个角落。

做人感悟

分析那些伟人的人格特质，可以看出：他们在开始做事之前，都充分自信。如果一个人不自信，那么他时刻会受到环境和别人的影响。

也许有人说你不会成功、你生来就不是成功者的料、成功不是为你准备的，对这些闲言碎语，你完全可以置之不理，你要用行动来证明自己的能力。

不让恐惧左右自己

巴顿上一年级时，因数学不好，留了一次级，但他对橄榄球、田径、剑术等都很擅长，特别是剑术方面颇有造诣。巴顿雄心勃勃，相信自己是命中注定的伟大人物，他奋发努力，从不懈怠。他曾在写给父母的信中说："只要今天我能伟大，则明天受苦而死我也甘心。"

巴顿从步入军界起，就把杰克逊的一句名言作为自己的基本格言："不让恐惧左右自己。"他认为这是军人能够勇猛无畏的根本因素。巴顿发现自己虽然勇敢，但在危险面前并非毫无顾虑。于是他决心要进行锻炼，克服恐惧心理。

骑术练习和比赛，他总是挑最难越过的障碍和最高的跨栏；在西点军校的最后一年里，有几次狙击训练，他突然站起来把头伸进火线区之内，为这件事父亲责备了他，他却满不在乎地说："我只是想看看我会多么害怕，我想锻炼自己，使自己不胆怯。"

1943年2月，美国第2军在突尼斯被隆美尔打得落花流水。艾森豪威尔调巴顿从摩洛哥来接任第2军军长，并授予恢复美军士气的重任。巴顿到任后，首先下令整顿军容风纪，规定每个军人必须随时戴钢盔、扎绑腿，连护士也不例外。在他的指挥下，该军在以后的作战中战绩卓著，与英军配合歼灭德意军队25万人。巴顿被士兵称为"顶呱呱的鼓气人"。不久，他晋升中将，7月调任美国第7集团军司令，配合蒙哥马利的第8集团军在意大利西西里岛登陆，攻占了巴勒莫等地。巴顿作风粗暴，曾因殴打士兵引起美国军内和国内舆论的反对，在马歇尔、艾森豪威尔等人的保护下才幸免撤职。但是他并非不关心士兵，只是痛恨逃兵和懦夫。他认为受到精心照料的士兵会成为最好的战士。他常说年轻军官知道如何照顾自己的士兵"比知道军事战术更为重要"。他告诉手下的指挥官不要节省子弹，因为"浪费弹药要比浪费生命好得多。造就一个士兵至少要18年，而制造弹药只需要几个月时间"。

1944年1月，巴顿前往英国任第3集团军司令，在这之前，因为殴打士兵的事件，许多人反对把一个集团军交给巴顿，但艾森豪威尔还是选择了巴顿。他深知巴顿的战术天才对这场战争的重要意义。

巴顿的任务本身是向西攻占布列塔尼地区，但是，他的进攻精神和运动战速度终于把局部的突破变成了全面运动战，迫使德军全面撤退。到8月4日，巴顿指挥的部队已经向鲁昂进击，占领了雷恩，抵达富热尔，并像秋风扫落叶一样向瓦恩挺进。

巴顿拼命进攻，8月13日攻到阿金坦一线，三天之后向东进至塞纳河，堵住了残余德军的退路。随后盟军再次发动进攻，巴顿直插巴黎与奥尔良之间的缺口。12月22日，他带领三个军向巴斯托尼进攻，与被困的美军伞兵师会合。接着，又经过一个月的进攻，抢先渡过莱茵河，长驱直入德境。此后，德军全面崩溃。

做人感悟

由于巴顿在北非、地中海和欧洲战场屡建战功，威震敌胆，此时他已经是四星上将了。他曾说："赢得战争靠两样东西，那就是胆量与鲜血。"因而又被誉为"血胆将军"。

敢于胜利才能胜利

名人小传

拿破仑，1769年出生在科西嘉岛的一个贵族家庭。自幼任性好斗。1779年进入一所军校学习，成绩突出；后又进入巴黎陆军学校，16岁毕业后，就当上了一名少尉军官。

支流不会高于它的源头之水，而人生事业的成功，也必有其源头。这个源头，就是自期与自信。不管你的天赋有多高、能力有多大、教育程度有多么精深，你在事业上所取得的成就总不会高过你的自信。"如果你认为你能，你就能；如果你认为你不能，你就不能。"

1789年法国爆发革命，拿破仑有了用武之地，第二年就升为上尉。

1793年，他奉命参加土伦战役，任炮兵指挥官，军衔也随之升为上校。由于土伦战役的胜利，拿破仑名声大噪，不久被破格升为准将。

1795年，他的炮兵部队，在巴黎以5000人的兵力，击溃了两万多叛乱分子，于是他便被任命为法国"国防军"副司令。

1799年，拿破仑从战场返回法国，发动了"雾月政变"，夺取了政权。1804年便加冕称帝，即拿破仑一世。

他执政期间，采取了一些发展经济的政策，对法国和其他欧洲国家产生了一定影响。对外战争又取得节节胜利，一时称霸于欧洲大陆。

1814年莱比锡战役失败，随之巴黎沦陷，拿破仑被流放。第二年逃回法国，在滑铁卢战役中又失败，他再次被流放到大西洋中的圣赫勒拿岛。

1821年去世，终年52岁。

拿破仑出生于一个破落的贵族家庭，他有8个兄弟姐妹，他是老二，上有一个哥哥，下有3个弟弟和3个妹妹。这么多孩子年龄都差不多大，在一起免不了打架吵闹，而拿破仑总是不吃亏，即使比他大一岁的哥哥，也拿他无可奈何。

有一年冬天,大雪覆盖了家里的花园,兄弟姐妹一起跑出来看雪景。这时拿破仑突然狂奔到雪地里,他在雪上打了几个滚,然后爬起来嚷道:"哥哥,咱们打雪仗吧!"他哥哥自然不甘示弱,从地上抓起一把雪朝拿破仑砸去!拿破仑早有准备,抓起早先做好的雪弹,一个接一个地向哥哥砸去。这时另外2个弟弟、3个妹妹也参加了进来,帮着老大袭击拿破仑。拿破仑面对众敌,毫不畏惧,他一会儿跪到土堆旁躲避,一会儿出奇不意地向以老大为首的"联军"发起攻击。雪仗打得难解难分,直到父亲出来把他们一个一个教训了一顿,才算了事。

拿破仑10岁那一年,由于家庭人口多,父亲便把他送进了一所公费学校——布里埃纳军校。一天早晨,拿破仑拿着脸盆毛巾牙膏从洗漱间出来,对面碰上一个贵族子弟,故意用胳膊肘碰了一下拿破仑。拿破仑早就看不惯这个蛮横的家伙,便从后面追上去朝那人后背打了一拳。那小伙子看占不到便宜,过了几天便约了一帮人来寻衅拿破仑。当拿破仑从教室回到宿舍时,便让他们围住了。他们故意找拿破仑的岔子,然后就大打出手。那个肇事的小伙子就在一旁大喊加油。好强的拿破仑哪里吃这一套,他一点不示弱地和他们大打起来。但毕竟寡不敌众,打了一阵他觉得力气不够用了,便迅疾地操起门后一把木棍,一阵乱舞,直打得那帮人抱头鼠窜。从此再不敢有人欺侮他了。

在学校里,拿破仑学习非常认真。他认为一个人如果光凭力气大,是成不了大事的,只有学好知识、有了真本事才能征服那些邪恶分子。因此,他努力学习,经常阅读各种历史书籍和军事方面的书籍。

在布里埃纳军校学习了5年以后,拿破仑便以优异的成绩保送到巴黎军官学校。但就在这时,他父亲因病突然去世,为了使自己能早一点出人头地,摆脱家庭的困境,他学习得更加刻苦,争取提前毕业。后来他果然如愿以偿,整整提前了两年,就从这所军官学校毕业,然后和另外三位同学,一块被任命为皇家炮兵少尉,其时他只有16岁。

19岁那一年,他所在的炮兵团被改编为当地一所炮兵学校的训练大队。这所学校的校长是法国军中最杰出的炮兵军官杜特少将。这使得拿破仑有条件学习军中最新的战术和技术。杜特少将还让他负责研究用长管炮发射爆破弹的方法,这是一项涉及许多技术难题的实践研究。

1793年，法国革命进入高潮，然而全国有一多半地方开始叛乱，土伦港成了叛乱中心。法兰西第一共和国迅速调集军队前往镇压。初出茅庐的拿破仑担任这一攻城任务的炮兵指挥。拿破仑以惊人的组织指挥能力，极快地调集了14门加农炮，4门臼炮，和其他大量装备，使军队迅速具备了战斗力。

他还在会议上提出"炮兵突破，步兵迂回，从海上和陆上同时向土伦港进攻"的作战方案。在决定性战斗中，拿破仑亲自指挥，身先士卒，冲锋陷阵，用凶猛的炮火把城里的叛乱分子全都赶下海，成功收复了土伦。由于战役的胜利，国民公会特派员根据攻城司令的命令，授予拿破仑准将军衔，任命他为意大利军团的炮兵指挥官。

1795年，叛乱分子又发动对首都巴黎的进攻，10月他们打算对国民公会实施"最后的解决"。拿破仑受命于危难之时，面对数倍于己的叛军，他果断地在巴黎街道上架起大炮，用密集的霰弹驱逐了圣奥勒诺街的肇事者。结果，战斗很快结束，叛军总部不得不在第二天宣布投降。从此，拿破仑在军界名声大震，国民公会认为他的非凡的努力拯救了共和国，于是又授予他少将军衔，担任法国内防军及巴黎卫戍副司令。

1796，法国兵分三路抗击反法联盟的进攻。27岁的拿破仑在刚度过两天婚假以后，就以意大利方面军司令的身份，踏上征途。这是他首次单独指挥方面军作战，但却连连取得胜利。一年半中，光是大的会战就有13次，其他战斗达70次之多，击溃5支奥地利精锐部队，俘虏敌人达15万，缴获大炮1100多门，战舰51艘……1797年，他挥师入奥，经纽马克一仗兵临奥地利首都维也纳，迫使奥地利求和。至此，第一次反法同盟被彻底粉粹，法国还夺得了意大利北部地区。12月5日，拿破仑班师回国，法国全国以欢迎凯旋大将的隆重典礼，为他庆功。

1798年，拿破仑又受命远征埃及，主要目的是要打击英国。但这时欧洲第二次反法同盟又组成，到1799年8月，法国丢失了意大利北部，在莱茵地区也屡遭挫折。在这种情况下，法国全国上下是多么希望拿破仑能回来，挽回局势啊！10月9日，拿破仑成功地偷越英国舰队的封锁，在本国弗雷居斯登陆。平静的小镇顿时欢腾起来，人们热烈欢迎英雄凯旋。16日拿破仑抵达巴黎，受到热烈欢迎。在这样的气氛下，拿破仑在一部分大资产阶级和军队的支持下，发动了"雾月政变"，由执政府代替督政府，拿破仑取得最高权力。他的事业至此，也就算达到了顶峰。

做人感悟

"敢于胜利"恐怕是拿破仑克敌制胜的法宝。因为打仗和其他任何事情一样，必须要有自信心。有自信心就会敢于面对现实，研究现实；敢于克服困难，这样才能取得胜利。

拿破仑性格上无疑具有强烈的好胜心，塞尔特评价拿破仑是一个不愿意和自卑握手的历史英雄。这无疑是正确的。好胜心强的人自然不会甘心失败，甘心落后，甘于自卑……好胜心强的人，一定是敢于胜利的人，哪怕他可能在某些方面条件还不成熟，但精神上首先对目标有了信心，这就等于已经胜利了一半，成功了一半；再加上必要条件的另一半，那距离全面成功，或者说全面胜利还会远吗？

拿破仑的辉煌战绩，已经证明了这一点。

面对苦难，学会勇敢和坚强

名人小传

高尔基，前苏联著名作家，是苏联文学的奠基人。他的长篇小说《母亲》，是他一生中杰出的代表作。他的自传体三部曲《童年》、《在人间》、《我的大学》以及长篇小说《阿尔达莫诺夫家的事业》、《克里木·萨姆金的一生》等著作，既是作家的人生经历，又是苏联社会发展的一部形象史。

高尔基从小跟着外祖父、外祖母一起生活。外祖母是一个非常慈祥的老人，她经常给小高尔基讲故事，比如，圣母怎样救苦救难的故事，武士伊万的故事，埃及强盗妈妈的故事等。这些故事离奇古怪、生动有趣，小高尔基常常听得呆呆的、入了迷。外祖母还会编许多有趣的诗歌，高尔基常常是听着外祖母的歌谣入睡的。小时候的高尔基，脑袋里装满了外祖母的诗歌。

1878年，高尔基到城郊的小学念书了，这是专门为城市贫民子弟办的一所学校，但即使是进这样的学校，对高尔基来讲也是相当艰难的。因为原先富有的外祖父破产了，家里一无所有。懂事的小高尔基每天放学以后就背着一个破袋子，走遍郊区的街道捡破烂，骨头、破布、碎纸、铁钉，什么都要，然后卖给收垃圾的，以换取一点点微薄的钱补贴家用。

家里的情况越来越糟糕，实在无法支付哪怕一丁点的学费了，就在这一年的秋天，小高尔基不得不离开学校到一间鞋店当学徒。日子过得真苦啊！除了要做好店里的工作，还得帮老板干各种家务活：洗衣服、拖地板、带小孩……每天都累得腰酸背痛，吃不好，睡不好。有一次做饭时，老板催着快点上菜，高尔基心里一急，拿着汤碗的手也不由地颤抖了起来，一不小心，刚煮沸的菜汤洒了一地，双手被严重烫伤，他被送进了医院。出院后，他被解雇了。

后来，高尔基去建筑工程制图师兼营造师谢尔盖耶夫那儿做学徒。说是学徒，其实根本学不到任何手艺，而是每天做婢女和洗碗工的活儿。店主只负责供给他一天三顿饭，此外没有工资，也没有任何自由。但是为了给家里减轻一点负担，高尔基默默地接受了这个事实。他每天都要擦洗铜器、劈柴、生炉子、洗菜、带孩子、跟老板娘上市场当跑腿，逢周六还要擦洗全部房间的地板和两座楼梯。小小的高尔基，很早便尝到了人世的艰辛。

在这残酷的现实面前，高尔基唯一的乐趣就是读书。但是在谢尔盖耶夫家里，读书被看成是不务正业，被逮到了难免一顿毒打。高尔基总是千方百计地去找书，然后冒着很大的风险，深夜爬到阁楼上，钻进棚子里，借着月光看书。高尔基读的书五花八门，龚古尔、福楼拜、斯丹达尔的作品让高尔基如痴如醉，俄罗斯美妙的古典文学让高尔基神魂颠倒，他贪婪地吮吸着知识的甘露。

16岁的时候，高尔基决心要去读书，上大学。他希望通过上大学为自己寻找光明的前途，于是高尔基来到了喀山。但是对一个穷孩子来说，填饱肚子都得努力挣扎，上大学根本就是不切实际的幻想。他每天一早就出去找活儿干，跟流浪汉们一起劈柴，搬运货物，晚上就住在城市的公园里，岸边的窑坑里，甚至树洞里、沟渠边。他不再对上大学抱什么期望了，他清楚地知道，社会就是自己的大学，在社会的大课堂里，他将学到许多书本上没有的知识。

后来，高尔基根据自己的经历，写出了他的"自传体三部曲"——《童年》《在人间》《我的大学》。这些作品成为世界文学史上不朽的经典。

做人感悟

人生在世，遭遇凄风苦雨实属自然。没有始终波澜不惊的大海，也没有永远平坦的大道。纵使惊涛骇浪，纵使沟壑纵横，跨过去了，人生就会变得多彩而丰富。璞玉需要精心打磨才能晶莹光亮，生命也需要锤炼才能饱满厚重。

生命的天空总是异彩纷呈。面对不幸，面对潦倒，我们所要做的不是怨天尤人，自暴自弃，而应该是不断捕捉生存智慧，学会勇敢和坚强。要知道，上帝永远是公平的。等到有一天，你真正将自己打磨成一块金子时，任何人都掩不住你灿烂夺目的光辉。

一定要做生活的强者

名人小传

尼·奥斯特洛夫斯基，前苏联工人作家。1904年出生于一个工人家庭，读过三年小学，很早就开始了独立的劳动生话，当过车站食堂的伙计，烧过锅炉，做过发电厂的助理司炉。1919年自愿上前线，1920年身负重伤后复员。

由于负伤和紧张的劳动，复员后的奥斯特洛夫斯基健康状况日益恶化，1927年终于卧床不起，1928年双目失明。但他没有就此放弃生活，而是集中全部精力，顽强地自学，1932年写成长篇小说《钢铁是怎样炼成的》的第一部，1934年完成第二部。1934年6月被接受为前苏联作家协会会员，

1935年10月被授予列宁勋章。

奥斯特洛夫斯基在14岁就参加了红军。在一次激烈的战斗中，他受了重伤，刚满16岁就退了役。伤愈后不久，他参加了青年突击队，负责抢修铁路。

当时粮食供应严重不足，大家常常吃不饱饭，生活十分艰苦。铁路快要修好的时候，奥斯特洛夫斯基得了严重的风湿病，脚关节肿起，身体只能勉强支撑站直，可是他每天仍旧最早起床，和大家一起上班，直到染上伤寒，才被迫离开工地。

病还没有养好，奥斯特洛夫斯基就又到冰冷的河水里去打捞国家的木材，结果木材被打捞上来了，他的病情却加剧了。他的两腿再也站立不起来了，脊椎、关节、手臂等处时常剧烈疼痛，更可怕的是，他的两只眼睛也逐渐看不见东西了。

奥斯特洛夫斯基才18岁呀，可是他已经领到了残疾证书。生活对他的打击太大了！他反复地追问自己："我怎么办啊？怎么办啊？"

精神和肉体上的双重痛苦整天折磨着他，奥斯特洛夫斯基面临着人生最大的挑战。他痛苦彷徨，差一点掉入绝望的深渊，但是他挺过来了！他常常紧握拳头，紧咬牙关，命令自己：

"我的人生道路才刚刚开始，我要坚强！"

"把念头转到严肃的问题上去！不准去理睬肉体上的痛苦。"

"对病痛的屈服，意志的消沉，是一种可耻的懦弱！全无丈夫气概！"

在病床上，他开始阅读大量的书籍，还参加函授大学学习。有一天，他忽然想到自己可以干一件事情，那就是写作，他想：

"我的脑子还是百分之一百健全的。我要为自己描绘一条出路——写作小说，把青年们怎样在战斗中锻炼成长的过程都写出来。"

"我要证明生命本身是有价值的！要用行动来充实生命！"

"我要取得进入生活的入场券！"

1930年10月，奥斯特洛夫斯基开始创作小说《钢铁是怎样炼成的》，这是一段艰难的日子。清晨，妻子上班前为他准备好一天所需的纸、笔等物品，好让他安静地写作。夜里，家家灯火熄灭，他仍在工作。这时他写字已十分困难，手臂只有到肘关节这一段能够活动。手臂一动，关节就一阵剧痛。有时他为了熬住疼痛，就用嘴巴咬住铅笔，好几次把铅笔都咬断了，把嘴唇都咬出了血。后来，有个热情的青年利用业余时间主动来帮他做记录，由他口述，进行写作。

1934年，长篇小说《钢铁是怎样炼成的》(上、下卷)终于出版了，后来还被译成多种文字，在世界各地广为流传。青年们争相抢阅这本书，高声背诵书中的名言：

"人最宝贵的东西是生命，生命属于我们只有一次。一个人的生命是应当这样度过的：当他回首往事的时候，不因虚度年华而悔恨，也不因碌碌无为而羞耻……"

奥斯特洛夫斯基，一个真正的生活强者。

做人感悟

自古以来，伟大的成功只会降临在那些不惧艰难、艰苦奋斗的人身上，也只有这些人，才能赢得光荣和梦想。

人的一生虽然有短短几十年的光阴，但同样都是几十年的时光，有的人能在事业上演绎出轰轰烈烈的非凡成就，有的人却只能默默无闻，使自己的一生留不下一丝一毫的痕迹，为什么会出现如此巨大的反差？原因很简单，取得成功的人是因为他们有自己的人生目标，能够自立自强不停地奋斗、拼搏，而后者却恰恰相反。他们甘于平庸，只是想平平淡淡地度过这一生。

因此，我们要想取得成功。就要从小自立，自强，树立远大的理想，并为了实现自己的理想而努力奋斗。

不怕失败，从头开始

每当人们唱起"打起手鼓唱起歌"这首歌的时候，不禁会唤起对我国已故人民音乐家施光南的回忆，回忆他那不怕失败，从头开始的信心与勇气。

初中毕业那一年，一向喜爱音乐的施光南执意要考音乐学院附中，但父母却希望他按部就班学完中学课程，无奈之下，他只好听从父母的劝告，但这事给他幼小的心灵蒙上了浓浓的阴影。

上音乐学院附中的希望破灭后，报考音乐学院！成为施光南最深切的愿望，这次，他决定不听任何劝阻，一定要实现自己的愿望，于是他直接报考音乐学院。

为了顺利考上，施光南很仔细地了解了音乐学院作曲系的招生要求，经过打听，他得知考生要具有相当水平的乐理、和声知识和一定的钢琴水平。施光南犯愁了，自己知道的乐理知识少之又少，至于什么是和声，根本就一窍不通；钢琴，从来没有摸过，五线谱好歹知道一点，可也仅仅处于"扫盲"状态。

他把自己的心愿跟妈妈说了，妈妈想起上次对儿子的阻拦的事，但没想到，儿子对音乐是如此狂热，儿子那么热切地想实现上音乐学院的心情，不由让她深受感动，她鼓励儿子说："考！一定要考！"

取得了妈妈的支持，施光南非常开心。可是，离考期仅剩半年时间了，他一切从头学起，能行吗？

在妈妈的鼓励下，施光南临阵磨枪，买来一本《拜尔钢琴初级教程》。妈妈也四处托人，寻找钢琴教师，费尽周折，却徒劳而返。施光南只好自己在家苦练。

时间飞快，转眼考试的日期到了，忐忑不安的施光南走进了考场。笔试、面试，他都以失败告终，施光南不知道是怎么走出考场的，那一天，他的人生灰暗极了，他拖着失意的脚步走在路上，不知道该往哪儿去。

正当他处于山穷水尽之时，突然接到了当日主考官江定仙教授的一封信，他信中说，施光南的基础知识较差，但乐感与作曲才能都表现得很好，建议施光南去附中插班学习，打好基础。

施光南有一种绝处逢生的惊喜，很快，他搭上东去的列车，来到海河之滨的天津，开始他新的学习生活。

做人感悟

不怕失败，从头开始，在任何时候都不要失去信心，这是我们在施光南身上应当学习到的精神。

第三篇

培养兴趣，怀揣梦想

重视自己的志趣

　　胡适一生得过35个博士学位，照说智慧一流，可是他初到美国留学时，却被三个苹果难倒，因而改行。如果，当初不是因为苹果改行，哪里会有以文学、哲学闻名于世的胡适呢？

　　胡适因家道中落，16岁便考取中国公学，宣统二年他20岁的时候考取庚子赔款奖学金留美，因胡适家道中落，美国的农学院可以免学费，故学农以节省学费接济家庭，于是胡适初到美国留学时，最先是进入纽约州康乃尔大学的农学系。

　　康乃尔农学院的教学大纲里设有实习课程，农学院的学生必须实习各项农事，包括洗马、套车、驾车等，还要下玉米田农耕。本来，胡适生于乡野，不畏农事，对洗马、套车还都有兴趣，也可应付自如。

　　可是，真正让胡适头大的是"果树学"一科。到了苹果分类一项时，胡适洋相百出。

　　一次上实习课时，老师给每个学生分了30多个不同品种的苹果，要求学生按果脐的大小、果皮的颜色、果形的特征及果肉的韧度等加以分类，这对于盛产苹果的美国本土的学生来说，实在是太容易了。他们无须把苹果切开品其滋味，只要翻阅果树索引或指南，便把30多个苹果的学名一一填好，几十分钟便完成答案。

　　而胡适花去两个半小时对苹果翻来覆去地仔细比较、观察，也只能勉强分辨出20种。如此下去，胡适终于失去信心，开始意识到自己对农科课程几乎没有兴趣。于是在康大附设的纽约州立农学院学了三个学期之后，决定转入该校的文理学院，改习文科。

　　在自己感兴趣的历史与文学的海洋中，胡适尝到了真正的乐趣。学海无涯，以苦作乐，终至功成名就。

　　正应了那句话："塞翁失马，焉知非福？"

做人感悟

<u>在选择自己前途的时候，千万不要受社会潮流左右，而要重视自己的潜能和志趣，为自己选一个可以为之终生投入的发展方向。</u>

兴趣是最好的老师

亨利·福特从四五岁开始，就拥有了一块漂亮的手表，这是父亲送给他的礼物。他最喜欢的游戏，便是拆装手表。他能熟练地将手表的每一个零件拆下来，然后再一个个完整无误地装配好。他对机械安装具有几乎是与生俱来的兴趣与痴迷，伙伴们都叫他"狂热的钟表匠"。

此外，福特还经常跑到自家的农场去，把几件机械农具拆得四分五裂，然后再奇迹般地把它们恢复成原状。为了方便拆装机械，福特自制了一个小工具箱，里面全是他心爱的宝贝：螺丝刀、小铁锤、锯子、锉刀、钻孔机等。福特家的农场里有一位名叫阿道夫的长工，这位长工文化水平较高。阿道夫很喜欢福特，常常拿出自己的金表让福特拆装，并给他讲解一些机械知识。

福特的妹妹玛格丽特有一只悦耳动听的八音盒，福特很想拿来拆装。有一天，福特终于找到了机会。他趁妹妹不注意的时候，把八音盒拿到了手，片刻间就把那美丽的八音盒肢解得七零八落。妹妹发现后急得直哭，幸好福特像变魔术似的，没过几分钟又让八音盒恢复了原状，重新奏响了叮叮咚咚的音乐，妹妹这才破涕为笑。

兴趣是最好的老师。从小拆装小机械，既培养了福特对机械知识的兴趣，又锻炼了他的动手能力，使福特后来走上了汽车制造之路。

做人感悟

亨利·福特的一位朋友曾经说过："福特家的每一只钟看见亨利走过来就哆嗦！"正是这种对机械的浓厚兴趣，以及在拆装的过程中锻炼出的很强的动手能力，促使他成功地走上了汽车制造之路。现在，福特汽车公司已是世界十大汽车工业公司之一。相信自己，你也能在兴趣的指引下，走出属于自己的路！

第三篇 ◆ 培养兴趣，怀揣梦想

遵循自己的兴趣更容易成功

1879年3月14日，一个小生命降生在德国的一个叫乌尔姆的小城。他，就是爱因斯坦。

看着爱因斯坦那副可爱的模样，父母对他寄予了很高的期望。然而，没过多久，父母就开始失望了：人家的孩子早就开始说话了，已经三岁的爱因斯坦才"咿呀"学语。后来，爱因斯坦的妹妹，比他小两岁的玛伽已经能和邻居交谈了，爱因斯坦说起话来却还是支支吾吾，前言不搭后语。

看着举止迟钝的爱因斯坦，父母担心他的智力不及常人。直到10岁时，父母才把他送去上学。在学校里，爱因斯坦受到了老师和同学的嘲笑，大家都叫他"笨家伙"。学校要求学生上下课都按军事口令进行，由于爱因斯坦反应迟钝，经常被老师呵斥、罚站。有的老师甚至指着他的鼻子骂："这鬼东西真笨，什么课程也跟不上！"

一次工艺课上，老师从学生们的作品中挑出一张做得很不像样的木凳，对大家说："我想，世界上也许不会有比这更糟糕的凳子了！"在哄堂大笑中，爱因斯坦红着脸站起来说："我想，这种凳子是有的！"说着，他从课桌里拿出两张更不像样的凳子，说："这是我前两次做的，交给您的是我第三次做的，虽然您不满意，却比这两张强得多！"平时寡言少语笨嘴拙舌的爱因斯坦一口气讲了这么多话，连他自己也感到吃惊。老师更是目瞪口呆，坐在那里不知说什么好。

在讥讽和嘲笑声中，爱因斯坦慢慢地长大了，升入了慕尼黑的卢伊特波尔德中学。在中学里，他喜爱上数学课，但对其余那些脱离实际和生活的课程不感兴趣。孤独的他开始在书籍中寻找寄托，寻找精神力量。就这样，爱因斯坦在书中结识了阿基米德、牛顿、笛卡尔、歌德、莫扎特……书籍和知识为他开拓了一个更广阔的空间。

做人感悟

爱因斯坦小时候实在很平凡，甚至显得迟钝、愚笨，常常被别人嘲笑和讥讽。可是他并没有因此灰心丧气，自暴自弃。他遵循自己的兴趣，潜心于自己的科学钻研，最终成为一位科学巨人。同学们，只要你肯为自己的目标付出艰辛的劳动，并配合正确的方法，就一定会得到成功女神的垂青。

兴趣能给自己动力

杨乐出生于1936年，江苏省南通人。

父亲杨敬渊是位实业家。母亲叫周静娟。

杨乐从小就聪慧过人，他上初中一年级时，就迷上了数学。

他在学习中，碰到好多以外国人名字命名的定律、定理，心想怎么没有中国人的名字呢？于是他暗暗下定决心，要为中国人的名字出现在数学书里而努力奋斗！

上中学的几年里，做数学题成了他生活的全部。他先后做了1万多道题。这件事后来被外界知道了，共青团南通市委还表扬了他。这给了他很大的鼓励。

1956年秋，杨乐考上了北京大学数学力学系，那一年他才17岁。

上到大三那一年，在一次讨论会上，杨乐在谈到完变函数论第二章的一个经典定理时，说"我可以给出一个比书上更简单的证明"。数学教授们吃惊了，这是前苏联著名数学家那汤松的经典结沦。但杨乐硬是给出了一个更简单的证明，充分显示了他的数学才能。

1962年，杨乐以优异成绩从北大毕业。接着他又考入了中国科学院数学研究所攻读硕士学位。

他在著名数学家熊庆来教授指导下，刚入学就写出了一篇论文，令同行们刮目相看。在研究函数值分布论时，他用了一年多的时间，查阅了国外数百篇资料。对其中重要的文章更是反复钻研，迅速走向了函数值分布论的研究前沿，并写出了有分量的论文《亚纯函数及函数组合的重值》，发表在《数学学报》上。

1965年，他又与张广厚对全纯函数正规族做出了有意义的贡献，成功地解决了著名数学家海曼提出的一个问题，受到国际数学界的重视。

杨乐的主要学术成就包括：亚纯函数亏值数与波莱尔方向数的研究，两个完全不同的概念，彼此不存在什么联系。

杨乐关于亏函数的研究，在20世纪80年代引起国际上一些著名函数论专家的重视，从而导致了受到数学家们普遍关注的"奈望林纳猜想"得以解决。

国内老一辈数学家熊庆来、华罗庚、苏步青、吴文俊等对杨乐和张广厚的研究，给予了高度重视，1977年2月人民日报曾以《杨乐、张广厚在函数论研究中取得重要成果》为题，进行报道。因此，1982年杨乐和张广厚一起荣获"国家自然科学家"二等奖。

1980年，杨乐、张广厚应邀在美国普渡大学举行了一次国际函数论会议。筹备时，国际函数论专家居垒欣和魏茨曼在给美国科学基金会的报告中写道："杨乐、张广厚在北京领导着一个成果丰硕、欣欣向荣的学派。"可见，他们的成果已为国际所公认。

兴趣，是杨乐取得成功的重要因素。他从少年时起，就对数学颇感兴趣，并且为此做了大量的习题。

数学，在一般人看来，是非常枯躁乏味的。但杨乐钻了进去。不但不觉枯燥，反倒趣味无穷。

可见，兴趣既来源于先天，也来源于后天。当你对某一门学问有了深入的了解，你会改变原来的兴趣的。

做人感悟

兴趣，也来自于立志。一个人一旦有了明确的志向，他就会朝着这个志向去努力奋斗。给兴趣注入了强劲的动力，从而兴趣会愈来愈浓。兴趣和志向是互相促进的。

热爱是前行的动力

华夫饼干可能每个人都吃过，也许你在吃的时候不会觉得它有多少特别的地方，更不会把它和运动鞋联系在一起。其实这两者之间有着不同寻常的密切关系，而把耐克鞋和华夫饼干联系在一起的人名叫比尔·鲍尔曼，他和菲尔·耐特创办了耐克公司的前身——蓝缎带体育用品公司。

1972年，耐克公司打算推出一种新型运动鞋，而如何在鞋的制作技术上不断推陈出新、完善产品功能、提高运动员的成绩却成了鲍尔曼经常思索的大问题。一天吃早餐的时候，鲍尔曼嘴里吃着华夫饼干，脑子里却想着公司新产品开发的事。吃着吃着，鲍尔曼停了下来，他拿起一块华夫饼干仔细地端详起来。也许是太过于专注了吧，别人连喊他几声他都没有察觉。看着看着，鲍尔曼突然高兴得大叫起来，他跳起来冲进他的车间兼实验室，搞得大家莫名其妙。

原来，鲍尔曼发现了华夫饼干凹凸不平的表面和格状造型。对于别人来说，这种发现算不了什么。但对于鲍尔曼来说，却像发现新大陆那样具有特别意义。因为他突然联想到，如果在运动鞋鞋底上做出类似华夫饼干的格状花纹，那么鞋底和地面的摩擦力就会加大，反弹力就会增强，一定会有利于运动员成绩的提高。

鲍尔曼一刻也没有停留，他找来制作华夫饼干的模具，把熔化了的橡胶乳液倒进去，很快，世界上第一个"华夫饼干"鞋底在鲍尔曼手中诞生了。

鲍尔曼发明的"华夫饼干"鞋底，对耐克鞋的发展具有划时代的意义。这种鞋既轻便又结实，为许多长跑运动员所喜爱，而此时，正是耐克公司独立创业的起步时期，这种运动鞋的诞生对耐克公司迅速开拓市场和扩展业务起到了积极的促进作用。

适合时代潮流，驾驭流行趋势，不断开拓创新，灵活推销产品，这些是菲尔·耐特和比尔·鲍尔曼制胜的法宝。时至今日，耐克体育用品公司依旧牢牢地占据着运动鞋市场的霸主地位。

做人感悟

谁都没想到超级品牌耐克鞋竟然得益于一块毫不起眼的华夫饼干。醉心于技术革新、对事业充满了激情的鲍尔曼总是比别人更能捕捉到灵感，更能引领潮流。所以，要想成功，先热爱你的事业吧。

遵循个性，因势利导

名人小传

达尔文，19世纪英国杰出的生物学家，生物进化论学说的创始人。

1809年出生于什鲁斯伯里城。1831年大学毕业以后，他以自然科学家的身份，参加了皇家科学院"贝格尔号"船的环球旅行，历时5年。

1836年回国后，他继续收集资料，做实验，研究生物进化问题。1859年，出版了《物种起源》一书，奠定了生物进化论的基础。

马克思说："达尔文的《物种起源》包含着我们的理论的自然科学基础。"他的其他重要著作还有《动物和植物在家养下的变异》、《人类起源和性的选择》、《经过蚯蚓作用壤土的形成》等。

1882年在家中去世。终年73岁。

达尔文出生在英格兰西部希罗普郡塞文河畔的什鲁斯伯里小镇上。他的父亲是一位医学博士，母亲是位有见识和教养的女性。而外祖父还是一位精通中国瓷器的专家，祖父更是一位学识渊博的哲学家、气象学家、发明家、诗人和医生。达尔文以后能成为举世闻名的科学家，与他生活的环境，特别是祖父的进化论思想对他的影响分不开。

达尔文从小就喜欢和大自然亲近，刚学会走路就经常到塞文河畔丛林中采摘花果，捕捉小飞虫，有时还用棍棒当刀枪斩草击鸟。他问妈妈："为什么要给小树苗培土？""妈妈，那泥土里为什么不长山猫小狗呢？""妈妈，你说人都是妈妈生的，那最早的妈妈又是谁生的呢？"……妈妈对儿子这样打破沙锅问到底的问题，无从解答了。但这类无从解答的问题，却深深地印在达尔文的脑海里。

8岁时，达尔文进入一所私立小学读书。学校里只有一名牧师当老师，教材也只有一部《圣经》，达尔文没有一点兴趣。他喜欢读课外书，如《鲁宾逊飘流记》、《格列佛游记》、《世界奇观》等；再有一个喜好就是搜集各种标本，家里人都觉得他太调皮，喜欢恶作剧。

达尔文上中学时，对课内一些教条仍不感兴趣。他按照自己的喜好选择学习内容，如欧几里德的几何学，它的严密推理和清晰证明，使他非常满意。他还阅读一些自然科学著作，如吉尔伯特·怀特的《自然史和赛尔波恩地区的考古研究》，使他对鸟类习性产生了浓厚的兴趣，引导他对附近的各种鸟类进行仔细观察，并作了记录。

当中学快要毕业时，他又对化学实验产生了兴趣。为此他专心阅读了亨利和派克的《化学问答》一书。但此举受到了校方的批评，他们向达尔文父亲告状，达尔文父亲很生气，说达尔文光知道打猎、养狗、捉老鼠、抓小鸟、采花草，这样下去如何是好！最后父亲决定让达尔文进爱丁堡大学，跟随伯父学医。

但达尔文对学校课程并无兴趣，他提笔给父亲写信说："我禁不住要想，这些躺在解剖台上的可怜人，和我们一样地爱过人，也被人爱过，他们会有这样的志向——任人切割，成为粗鲁玩笑的题材，实在令人无法理解。"平时达尔文在制作标本时，哪怕是一只昆虫，在弄死之前，他也要先用自己发明的月桂树和夹竹桃叶子的汁液进行"麻醉"，决不忍心看到它的痛苦的挣扎。

在爱丁堡大学期间，尽管他对医学没有兴趣，但他的时光并没有虚度。他结识了几个爱好自然科学的青年，在一起讨论感兴趣的生物学问题，到海边去捕捞牡蛎，在水坑边搜集动物标本。1826年初，达尔文用显微镜观察水生物时，发现了前人的两个错误理论，并写成两篇论文在学校自然科学会上宣读，受到一致好评。

达尔文大学毕业以后，得到一个消息——政府准备派一艘名叫"贝格尔号"的军舰作环球航行，考察南美洲海洋和附近岛屿的水文地图，测定环球地区经度以及对地区资源进行考察。他的老师亨斯洛推荐他去。达尔文早就想到大自然广阔天地里作旅行考察，他当然求之不得，但他父亲不同意，认为那样会耽误前程。达尔文又让舅舅做工作，结果他父亲只好勉强同意了。

1831年12月的一天，考察船启航了，它们将穿过大西洋，沿着南美洲东西两岸和附近的岛屿横渡大西洋，顺着澳大利亚南侧进入印度洋，然后绕过好望角，回到大西洋，再经南美洲东岸返回英国。

达尔文的任务是研究无脊椎动物。他在船尾设置了一张网，捕捞各种

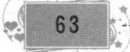

水生动物，登记造册，有的还要进行解剖和绘图。可是晕船常常迫使他不得不暂时中断工作，他在给父亲的信中说："我真以为自己要死了，一阵阵的干呕太痛苦了。那滋味使我感到不是肠子就是胃撕裂了。"然而对科学的热爱，帮助他战胜了困难。

"贝格尔号"船驶向圣地亚哥的普拉亚港。达尔文站在港口外，极目远望，看到沿海悬崖是一条带子向海岸伸展开来。在挖掘调查过程中，他发现白色带状是一种石灰岩构成的不同地层，地层里面埋藏着无数软体动物的贝壳，并与洁白的珊瑚连结在一起。这不就正好证明了赖尔的地质学原理吗？他激动极了。

1832年2月，"贝格尔号"经过圣保罗岛驶向费尔南多——德诺罗尼亚岛，它将从这里沿着南美洲大陆的东海岸由此向南，绕过合恩角，然后再沿着西海岸北上，进行长期的水文观测。达尔文在这段时间里，一有机会就登上南美大陆和附近的岛屿进行考察。他的足迹遍及巴南亚热带雨林、里约热内卢、马尔多纳多、智利和秘鲁等地，历时3年半。他对南美的地质结构、生物种类和当地的风土人情考察的时间最长。其间爬高山，涉河流，入森林，跨草原，历尽千辛万苦，从不曾"偷闲过半个小时"。

1835年9月，达尔文乘"贝格尔号"驶进加拉帕戈斯群岛。它仿佛是童话中的仙岛，笼罩在茫茫无际的太平洋的云雾中。达尔文在《航海日记》里写道："在全部群岛上面，至少有24个火山口。有的是由熔岩渣构成，有的则是由薄层的像沙岩形状的凝灰岩构成。那些由凝岩构成的火山口，大都具有美丽的对称的形状。"

更吸引达尔文的是这里的生物世界。这里大多数生物都是特有的，甚至在这个群岛之间也互不一样。达尔文采集到193种，其中包括显花植物135种，其余为隐花植物。特别是21种菊科植物中，有20种是土著的，充分说明这是一个特有植物区域。

达尔文还从采集到的标本中看到一个事实：加拉帕戈斯群岛好像是太平洋岛屿和南美洲两岸这两个软体动物学区域的过渡地带，既有这两个区域的移植种，也有自己的特有种。所以这些岛屿的软体动物之间惊人接近，又有十分明显的区别。

达尔文采集到的26种鸟类，同样存在有趣的现象。其中给达尔文印象最深的，是雀科鸟类。鸟嘴是获取食物的器官，其构造各不相同，有的嘴大而坚硬，有的嘴锋利，像剪刀一样；有的嘴小而突出，像镊子一样；有的嘴像小钳子，长而坚硬，这些特点分别适应吃谷粒、种子或昆虫等不同食物种类。

巨龟是加拉帕戈斯群岛的象征。在这里不仅到处可以看到大龟，而且数量多，个头大。它们有的生活在潮湿的高地上，有的栖息在干燥的低处。达尔文在这里不仅了解到它们的某些习性，如龟的耳朵是聋的，特别爱喝水，身上有个像蛙囊似的储水器官等。他还得知各个岛上的龟虽然同是一个祖先，但由于生活环境不同而产生各种变异。

在千差万别的生物面前，达尔文开始怀疑《圣经》所宣布的创世神话。眼前的事实只能根据物种是逐渐变异的假设，才能得出合理的解释。他断定：新物种不是由上帝创造的，旧物种也不是不可以改变的。物种完全可能由于环境的不同而发生变化。

"贝格尔号"船离开加拉帕戈斯群岛以后，航行驶到塔希提岛和新西兰，又经过澳大利亚横渡印度洋，再绕过好望角，回到了大西洋。历时5年的环球航行就要结束了，船上的每个人都十分想念英国，盼望早日回到自己的家乡。

5年的环球航行，对于达尔文来说具有决定意义，它为他日后的成功奠定了基础。

达尔文环球考察回来以后，整理出版了《旅行日记》，还与别人合著了《在贝格尔舰航行中的动物学》、《在贝格尔舰航行中的地质学》等著作。这时达尔文对于揭开物种起源的奥秘，已具备了一定的条件。但仅凭这些还不够，对物种究竟是怎么起源的，它的变化规律又是怎样的……这些问题要真正解决，还必须把研究继续引向深入。他首先选择了家养动物和栽培植物这样的实践道路，去探索奥秘。

他废寝忘食地进行了15个月的系统调查，经常找育种专家、园艺家交谈、通信或发出调查表，从他们那儿搜集各种家养动物和栽培植物的变异材料，及培育方法等。达尔文根据自己多年观察，发现生物普遍具有按照几何级数迅速繁殖后代的能力。比如一株蒲公英一年结出100粒种子，如果这100粒种子都长出蒲公英，并结出种子，那么到第二年就有1万粒种子，第三年就会有100万粒种子……如此下去，用不了几年，全世界地面都长蒲公英还不够，那其他动植物还怎么生存呢？这就是生存斗争——最适者生存，不适应者势必被淘汰。至此，达尔文终于弄清了生物进化规律，揭开"一切秘密中的秘密"已为时不远。

《物种起源》是进化论奠基人达尔文的代表作。马克思在仔细阅读后说："达尔文的著作非常有意义，这本书我可以用来当作历史上的阶级斗争的自然科学根据。"恩格斯则称《物种起源》为"划时代的著作"。

为了这部"划时代的著作"，达尔文辛勤耕耘了整整20年。

《物种起源》用极其丰富的资料，令人信服地证明生物界是在不断变化的，它有自己的发生和发展的历史，现在世界上形形色色的生物绝不是哪个上帝创造的。

《物种起源》的出版，在生物学领域里产生了巨人的影响。他是继天文学、物理学、化学之后，第四个冲破宗教神学盘踞着的阵地。生物学完成了一次伟大的革命。

从1860年起，达尔文开始写他的第二部主要著作——《动物和植物在家养下的变异》。这部书记载了达尔文对家养动物和植物的全部观察和心得，还运用了中国和其他国家的历史资料，充实了达尔文理论的内容。

达尔文的第三部主要著作是《人类起源和性的选择》。为了进一步搜集有关性选择的新材料，达尔文每天都要给朋友们写8~10封信，他说："我正在努力研究性选择，有很多需要附带研究的问题，例如雌雄两性的数目，特别是多配偶的情形，把我弄到半发狂的地步。"

达尔文在这部新书里，论述了人从动物起源的根据，阐明了人在动物界中的位置，并从胚胎学和解剖学上许多相似的地方，说明人同高等动物的关系，论述了性的选择在动物的生存和发展中的作用。从而奠定了人类起源的理论基础。

达尔文的成功，可以给我们一点启示：家长怎样培养孩子？达尔文从小喜欢大自然，对学校的功课他不大感兴趣。这究竟应怎样加以对待呢？一种是像达尔文父亲那样，强制要他学医学，学神学，学这学那，这是不尊重孩子的爱好，认为孩子的喜好就是不务正业，不听话，不上进等。这都是从功利主义出发的态度，那么这条路走得通吗？回答是否定的。如果完全按照家长的模式进行培养，人类会出现一位像达尔文这样的大科学家、大思想家吗？充其量在千千万万医生中，增加一个医生，或一个宗教牧师。而生物进化论奠基者，决不会是达尔文。

相反，如果一个家长能比较尊重孩子的个性、孩子的爱好，顺其自然，因势利导，则有可能使人的发展环境得到改善，而导致学童的顺利成长。这样，才是比较明智的。

做人感悟

什么土壤适合什么庄稼；喜欢酸性条件生长的，你就不能用碱性肥料。人才培养也是一样，切忌千篇一律，一刀切。

条条大路通罗马。历史上多少杰出人物都是通过自学成才的，这难道还不足以说明问题吗？

做事的热情要持久专注

美国职业棒球明星威廉·怀拉，40岁时因体力不支而告别体坛。当时，怀拉很想马上得到一份工作。一开始，他认为这是一件很简单的事情，因为他觉得，就凭他的名气，到保险公司应聘推销员，一定会万无一失。

事实上，他想错了。

人事部经理说："干保险这一行，必须有一张迷人的笑脸，但你没有，我们难于录用你。"就这样，怀拉被拒之门外。

尽管遭此冷遇，怀拉并没有打退堂鼓，而是决心像当年刚涉足棒球领域一样，从零起步。于是，他开始学习"笑"。他每天都在客厅里放开嗓子笑上几百回，邻居们都误认为失业对他打击太大，他神经出了毛病。怀拉也觉得这样不太好，为了不打扰邻居，就到厕所里去训练。

几个星期以后，怀拉去见经理，当面展开笑脸。可得到的仍是冷冰冰的拒绝："不行！笑得不好。"

再次被拒绝，怀拉并没有悲观失望，他到处搜集笑容迷人的名人照片，然后贴在卧室的墙壁上，随时进行模仿。此外，他还把一面大镜子放在厕所里，为的是训练时能够更好地进行纠正。

就这样练了一段时间，怀拉又去见人事经理，露出了笑容。

"很好，进步不少，但吸引力还不够。"人事经理说。

怀拉天生就倔强，不达目的不罢休，回家后继续苦练。

一天，他在路上碰到一个朋友，非常自然地微笑着打招呼。

朋友格外惊叹："怀拉，一段时间不见，你的变化真是太大了，和过去相比，简直判若两人！"

得到朋友如此的评价，怀拉信心百倍地去见经理。

"你的笑的确是不错了，只是并非真正发自内心的那一种。"

怀拉还是没退却，仍然坚持努力，终于被保险公司录用。

回想过去，这位棒球明星严肃冷漠的脸上，而现在所绽放出的，完全是发自内心的孩子般的天真笑容。这笑容是多么的天真无邪，多么迷人。正是靠着这张并非天生而是旷日持久苦练出的笑脸，怀拉一举成为美国推销寿险的高手，年薪大大突破百万美元。

后来，怀拉在总结自己的成功经验说："人是能够自我完善的，关键是你有没有热情，而且是持久的热情。"

热情是兴趣的伙伴。如果对一件事不感兴趣，不仅做起来会感到枯燥无味，而且维持不了多长一段时间就会冷下来，更谈不上取得成就。但是有了兴趣、有了热情而不专心，也是干不出多大名堂来的。不专心，就会分散注意力；不专心，就可能发现不了问题，找不到兴奋点，热情也会慢慢降低。

作家茨威格寓居巴黎的时候，罗丹曾邀他到其工作室谈论艺术，话没讲几句，罗丹就开始对着一尊看上去已完工的雕塑进行加工：这儿的线条粗了点，那儿的轮廓还不甚清晰……罗丹一边自言自语，一边拿着泥刀进行修补。待基本满意准备出门时，一眼看见茨威格坐在椅子上，才想起他是自己请来的客人，赶忙对他表示了一番歉意。然而茨威格却在那一刻学到了他一生中最重要的东西，那就是对工作的热情以及专心。

拥有持久专注的热情，的确是重要的。试想，一个人做什么事都保持不了3分钟、20分钟的热情，是很难取得成功的。比如说，一个人一会尝试写作，一会又热衷于摄影，一会儿想着"下海"，一会儿又玩起了股票……刚开始时热情高涨，可要不了多久热情就会转移。世上哪有立竿见影的事，只要再坚持一下，兴许就会见到成功。

比如写作的人要耐得住寂寞，而他偏偏是个喜欢凑热闹的人，屁股坐不住板凳，很难专心。可有的人坚持十年矢志不移，发表了五十多万字的作品，却没见他有什么进展。

经商吧，轮到他干的时候，市场该有的东西都有了，并且多得卖不出去，结果自然又是没能坚持下来。改玩股票，两年下来没"赢"没"输"，得失基本相抵，只是搭进去许多工夫，外加精神上的忽喜忽悲……接下来他又不知要对什么东西感兴趣。其实以他的智商和才情，如果能定下心来，专注于某一件事，也能有一笔不小的收获。

试问，怀拉要是没有持久训练笑的热情，他会成为年薪百万的推销寿险的高手吗？罗丹要不是那样"精雕细刻"，他会成为一个伟大的雕塑家吗？

许多人还常常有这样一个毛病，那就是虚荣随风。他们对日新月异的世界保持着一种本能的敏感，不甘落伍，不甘心被时代所淘汰，世面上一旦出现新的诱惑，他们就会把刚刚选定的东西抛弃掉，他们始终浮在生活的表面。

外界的诱惑很多，事实上只有那些有远见，对诱惑并不动心，内心永葆一片澄明的人，才会对工作有持久热情并专注，才会取得最后的成功。

做人感悟

始终如一的专注与持之以恒的热情，是一种坚毅，是一种执著，是卧薪尝胆，是破釜沉舟，是大智。

找到成功的最佳目标

贝尔纳是法国著名作家，一生创作了大量的小说和剧本，在法国影剧史上占有特别重要的地位。

有一次，法国一家报纸进行了一次有奖智力竞赛，其中有这样一个题目：如果法国最大的博物馆卢浮宫失火了，情况只允许抢一幅画，你会抢哪一幅？结果该报社收到的成千上万种回答中，贝尔纳以最佳答案获得该题的奖金。他的回答是："我救离出口最近那幅。"

做人感悟

人生的目标很多，最佳的目标不是最有价值的，而是最容易实现的那个。

重新定位

　　湖北省委宣传部曾经组织过先进事迹巡回报告会，其中一个叫李宇明的事迹深深地印在听者的脑海里。

　　李宇明是华中师大的年轻教授，结婚生女后不久，妻子就因为患类风湿性关节炎成了卧床不起的病人。面对长年卧床的妻子，刚刚降生的女儿，还没开头的事业，李宇明矛盾重重。一天，他突然想到，能不能把自己的研究方向定在儿童语言的研究上呢！从此，妻子成了最佳合作伙伴，刚出生的女儿则成了最好的研究对象。家里处处是小纸片和铅笔头，女儿一发音，他们立刻做原始记载，同时每周一次用录音带录下文字难以描摹的声音。就这样坚持了6年，到女儿上学时，他和妻子开创了一项世界纪录：掌握了从出生到6岁半之间几百万字的儿童语言发展原始资料，而国外此项记录最长只到3岁。买菜、做饭，给妻子洗脸、洗脚，照料女儿的衣食杂事塞满了李宇明的每一天，他却把每一天当做一个难得的研究机会。之后，一个连一个的研究结果随之而来：他和妻子合著的《父母语言艺术》已出版；他主编的《聋儿语言康复教程》获奖；35万字的最新论著《儿童语言发展》又被列入出版计划。

做人感悟

　　在向目标奋斗的路途中，目的地也许非常遥远。许多人忽略了沿途看到的美丽风景，也忽略了其他的路。

不放弃梦想

　　他是一个普通的马术师的儿子，从很小的时候起，就整天跟着父亲东奔西跑。在这些奔跑的日子里，他来到不同的地方，见到不同的牧场，认识了一个丰富的世界，渐渐地，他拥有了自己的梦想。

名人小传

贝利(生于公元1940年)，身高1.74米，世界上唯一一位三夺世界杯的球员，他可以打中前后场任何一个位置，甚至守门员也能胜任。球技出神入化，被称为"万世球王"。

有一天，老师要求同学们写作文，题目是"长大后的梦想"。小男孩一下子就想起跟父亲奔走西方的日子，他决心利用这个机会，把自己的理想好好描绘一番，于是，他坐在桌子前，洋洋洒洒写了许多页来描述自己的伟大梦想。在作文中，他这样写道："长大后，我将拥有自己的牧马农场，在农场中央建造一栋占地5000平方英尺的住宅，在这个舒适的豪宅里，我将和家人过着幸福的生活。"

写完后，小男孩从头到尾读了一遍，他满意极了，觉得自己的作文从来没有像今天这样流畅过，他吹着口哨将作文交了上去。第二天，作文本发下来了，老师却给他打了一个大大的"F"，小男孩一下傻眼了，他找到老师，不解地问："老师，为什么给我不及格？"

老师严厉地看着小男孩，生气地说："你小小年纪，却整天做不实际的白日梦。你父亲只是一个普通的马术师，一没钱二没背景，怎么能买得起牧马农场？怎么能建5000平方英尺的住宅？做人做事不能这样不切实际，当然，如果你肯重写一次，写得实际点，我会考虑给你打高分的。"

小男孩闷闷不乐地回到家，将这件事告诉父亲，他问："爸爸，我错了吗？"父亲看完小男孩的作文，握着他的手说："儿子，我认为人不该放弃自己的梦想。"

父亲的话一下子把小男孩内心的不快驱赶了，他把这句话记在心里。从此无论做什么事情，都朝着自己的梦想前进，每前进一步，他就觉得自己离梦想更近一步，20年后，这个男孩儿拥有了好几片牧马农场，而且建了好几座占地5000平方英尺的住宅。他将当年的老师请到自己的牧场，满头银发的老师看到他5000平方英尺的住宅，惊讶不已，忆及当年那篇作文，他感到深深的愧疚。当年的男孩见状，连忙握住老师的手，说："从某种意义上说，你的话激励我坚持自己的梦想，所以我感谢老师。"这个男孩就是美国著名马术师杰克·亚当斯。

第三篇 ◆ 培养兴趣，怀揣梦想

做人感悟

人不应该放弃自己的梦想,坚持梦想,把握现在,永不许诺,才能够走向成功。

为理想而奔走

1946年,印度"圣雄"甘地出生于印度坡班达城的一个中产阶层,从小,甘地就受家族严格反对暴力的和平主义教派的影响,厌恨杀生,连虫蚁也不杀。甘地幼年时奉印度神话中两位圣贤为模范:一位代表诚信,一位象征牺牲。他13岁时,与一个同龄女孩结婚。其后,家人送他到伦敦学习法律。他在伦敦读了3年书,顺利通过了法律考试,返回印度。不久有公司请他到南非办一件诉讼案,期间发生了一件极令他受屈辱的事,改变了他的一生。

那天,他坐上公司为他买好的到南非联邦行政首府普列多利亚去的头等车票,很快火车抵达第一站彼得玛利兹堡,甘地拿着一本书,正斜躺在床铺上阅读。这时,有个欧洲白人走向车厢包房。这白人一见到甘地这个有色人种,尽管其衣着是英国式的,他仍怒气冲冲地召来车长,责问车长:"为何安排我与这种'臭苦力'同房?"车长见白人生气,连连赔不是,并转向甘地,呵斥道:"你是怎么混上来的?头等车厢是你这样的人能来的吗?还不赶快到行李车厢去!"甘地听了,气愤至极,他说:"我凭票上车,犯了哪条法?凭什么要我出去?"车长见甘地不肯去行李车厢,就命人将他的行李丢到路边,很快把甘地驱逐下车。事后,甘地对人说:"这是我生平从未受过的侮辱。我的积极非暴力行动就从这天开始。"

来到南非不久,甘地就四处阐释非暴力主义思想。他告诫在南非的印度人,希望清除使印度教徒与回教徒分裂的古老仇恨。甘地开始谴责南非政府的种种歧视法规,如限制印度人旅行、禁止罢工、只承认基督教式的婚姻为合法等。直到5万印度人参加这个真理力量运动后,南非政府终于颁布了一项历史性的革新法案。到南非22年后，甘地放下律师的工作回到印度去。

做人感悟

　　侮辱和歧视可以让一个人无地自容，也可以激发起一个人更大的力量。甘地在侮辱面前没有低头，而是为了自己的理想，四处奔走唤醒每一个人，消灭种族歧视。

胸怀壮志，不懈追求

　　新中国成立后，茅以升曾任铁道研究所所长，铁道科学院院长，全国科学技术协会副主席。他为我国和世界桥梁建筑事业做出了卓越的贡献。1989年11月12日病逝。

　　茅以升出生于古老的江南小镇——镇江。在他十岁的时候，端午节的前一天，茅以升和几个朋友约好，要去秦淮河看龙舟比赛。可巧这天晚上，茅以升的肚子疼了起来，一夜都没能睡好，第二天，他只好在家里养病，眼巴巴地看着小伙伴们出发了。待在家中的茅以升多么希望小伙伴们快些回来，给他讲一讲赛龙船的盛况啊！可他等到的却是一个不幸的消息：当天站在文德桥上看龙船的人非常多，把桥给挤塌了，淹死了好多人，而且里面还有他们学校的学生。小伙伴们说："幸亏你没去，如果你去了，也许你也会掉进河里呢。"

名人小传

　　茅以升，字唐臣，江苏镇江人，1896年生。茅以升从小好学上进，善于独立思考。茅以升一生学桥、造桥、写桥，曾主持编写了《中国古桥技术史》及《中国桥梁——古代至今代》（有日、英、法、德、西班牙五种文本）。著有《钱塘江桥》、《武汉长江大桥》、《茅以升科普创作选集》、《茅以升文集》等。

　　这消息如同一块石头，在茅以升的心里掀起一阵阵的波澜，他的眼前浮现出人们惊叫、呼救的惨景！这时，一个强烈的念头在脑海出现了：我将来一定要为人们造结实的大桥！也就是从这时候开始，一个远大的理想在他心中树立起来了。从此，茅以升每次跟大人外出，只要见到桥，总要从桥面到桥墩都仔仔细细地看一看，同时还在心里认真琢磨。平时念古诗文的时候只要遇到关于桥的句子和段落，他都把它们抄在笔记本上，看见有关桥的画面，他也动手给剪贴下来。

勤奋好学的茅以升小学还没毕业就考进了当时很有名气的南京"江南中等商业学堂"。上学期间，家里每星期给他一个铜板，可他一个也不乱花，而是把节省来的钱全都用来买课外书。每天放学回家，他最爱去的地方就是爷爷藏书的小阁楼。有一次，到了吃晚饭的时候，母亲大声叫茅以升下楼吃饭，却没有听到回应，就以为他出去和小伙伴们玩了，也没有太在意。直到夜深时，爷爷才发现阁楼里有微弱的灯光透出来，于是就上去看了看，这才发现，茅以升正坐在桌前聚精会神地读书呢！

茅以升始终没有忘记自己的志向，他时刻都在朝自己的理想目标前进着。通过自己的勤奋学习，他掌握了最好的造桥技术。后来，他终于主持设计并领导建造了我国第一座现代化的大桥——钱塘江大桥，成为我国著名的桥梁专家、教育家，实现了自己幼年时的理想。

做人感悟

理想是人们一切行为的动机。是人生的动力，它能使人不畏艰险，永葆青春和朝气。一个人一旦树立了崇高的理想，就能自律自强，克服各种艰难险阻，以更高的标准严格要求自己，以拼搏的精神把个人的理想化为现实。

但是任何理想的实现都离不开实干，否则，到头来梦想也只能是泡影。对青少年来说，树立崇高的理想并不是目的，为了实现理想而努力奋斗，从身边的小事做起。通过一点一滴的积累实现自己的人生目标，这才是值得赞扬的。

只有树立远大的目标才有伟大的成就

名人小传

1920年，萨马兰奇出生于巴塞罗那伊伦大街28号。

他当过兵，经过商，爱好体育，旱冰、足球、拳击他都擅长。36岁那一年，进入西班牙奥委会。

1966年，在罗马当选国际奥委会委员。

1974年，当选国际奥委会副主席。

1980年，正式当选国际奥委会主席，任期8年。

1989年，再度当选国际奥委会主席，任期4年。

1993年，三度当选国际奥委会主席，任期4年。

先后主持过第23届、第24届、第25届、第26届奥运会的比赛工作，为世界奥林匹克事业作出了巨大贡献。

萨马兰奇出生在巴塞罗那一个殷实的商人之家。他的父亲佛朗西斯科在思圣切区开办纺织品工厂、商店、公司，赚了不少钱。并先后与帕娅塔·马维西和胡安娜·马维西结婚。萨马兰奇为胡安娜·马维西所生，他上面还有5个哥哥、姐姐。

殷实的经济基础，使得佛朗西斯科给予自己下一代人良好的生活条件。他在巴塞罗那西部高级住宅区内，建造了一幢房子，里面是中世纪的建筑结构，中国的古式客厅，还有小书房。几个孩子每个人都有自己的房间，父亲对儿女们没有严格的要求，为的是让他们从小就学会掌握自己的命运。

作为企业家，佛朗西斯科深知智力投资的重要，因此，萨马兰奇6岁时就被送到瑞士人在巴塞罗那开办的小学。

萨马兰奇从小就讨人喜欢，他待人谦和礼让，做事很细致，在读三年级时，有一个叫"坏小子"的同学在课堂上用腿绊了老师一下，等老师回头责备时，他却说是受了坐在他旁边的萨马兰奇的怂恿，结果老师把萨马兰奇批评了一通。下课后，"坏小子"搂着萨马兰奇连声称赞他"够哥们

第三篇 ◆ 培养兴趣，怀揣梦想

儿"。没想到萨马兰奇义正辞严地说："我没让你绊老师,你必须向我道歉,否则我就向老师说明真相。"

除了学校课程外,母亲胡安娜还指派每个孩子学习一种乐器。萨马兰奇分到的是一把小提琴,但他似乎对此没有多少兴趣,常常把更多的注意力放在猫身上。

小学时期,最令萨马兰奇兴奋的是跟着舅舅一同看拳击,慢慢地,他自己在房间里也练了起来。在家里的健身房里,他常常找3个比他小的弟弟对练,结果往往把他们打得嗷嗷乱叫。

小学毕业后,父亲又把萨马兰奇送到一所德语中学读书。这时的萨马兰奇已成长为燕颔虎颈的小伙子,在课堂上他文质彬彬,一下课到了运动场上,他就变得虎虎生气,踢足球、练拳击忙得不亦乐乎。八年级时,他就当上了校足球队队长,九年级时,他就瞒着家人到中心街区地下拳击场,挑战当时在巴塞罗那小有名气的少年拳击手了。当然,他有时也被打得鼻青脸肿。后来,他又迷上了曲棍球,而且球艺提高很快,成了全市小有名气的少年曲棍球手。

15岁的萨马兰奇以优异的成绩完成了中学阶段的学习,佛朗西斯科为儿子选择了巴塞罗那实验学院商学专业。虽然萨马兰奇的兴趣并不在商学上,但他尊重父亲的意愿,第一学期就以优异的成绩通过了会计师考试,并取得了会计证书。

1940年,萨马兰奇完成了研究生院的课程,进入父亲开的公司从事一般的管理工作。他工作兢兢业业,深得不少人的好评,为此,另一家公司老板非要萨马兰奇去出任总经理。这一年他才20岁。

但是萨马兰奇并没有把精力完全放在企业经营上,而是在1942年建了一支西班牙旱冰球队,他在旱冰球场上小有名气后,就参加比赛,专当守门员角色。他利用做买卖中赚到的钱组织了旱冰球队,不久,又出资组织了首届西班牙旱冰球锦标赛。

但是在当时旱冰球还不够普及,萨马兰奇希望能通过宣传引起人们的兴趣。于是他亲自担任了《新闻报》的特约体育记者,在后来的几年里,萨马兰奇一共在报上发表了上百篇的体育消息、通讯、专访和评论等稿件。

由于萨马兰奇对旱冰球运动的贡献,西班牙全国体育运动委员会破格提升他为委员会委员。1953年初,萨马兰奇辞去了公司总经理的职务,正式到首都马德里任职。从此，他终于找到了自己的人生坐标，在为人类和平与健康的道路上奋斗不已。

自1953年萨马兰奇申请加入国际奥委会，到1966年国际奥委会最终批准，已经过去了13个年头。在13年时间里，萨马兰奇一直关注着国际奥委会和奥林匹克运动的发展，尤其是这期间举行的3届奥运会。

萨马兰奇进入国际奥委会后，他一面继续担任多家公司的董事、总经理等职务，一面把从公司赚得的钱，投入到体育事业中来。他的目标是一定要当国际奥委会主席，因为这样才有可能按照自己的计划，对奥林匹克运动进行改革，使奥林匹克运动真正成为全人类的和平盛会。萨马兰奇心里很清楚，钱对他来说并不重要，但对奥林匹克运动来说，却是必不可少的。

但是自从萨马兰奇进入国际奥委会以后，也并非是样样都顺利的。他从当奥委会的一般委员开始，到担任副主席，也经历过曲折。但是他从不屈服于什么，而且越艰难才越能显示出一个人的力量、智慧与才能。

他似乎觉得终身要与体育为伴了。他热爱体育，不仅身体力行参加体育活动，而且把体育当成逐步实现自己理想的手段。

首先，萨马兰奇如愿以偿地于1980年当上了国际奥委会主席。这是他多年的愿望。

1976年的一天，巴塞罗那电台《直播》节目的一位听众拿起电话，向电台的客人提了个问题：

"萨马兰奇先生，您是愿意当卡塔卢尼亚议长，还是愿意当卡塔卢尼亚共同体主席呢？"

萨马兰奇回答道："我要当国际奥委会主席。"

这并不是说国际奥委会主席比当议长或其他行政官员更有油水，而是萨马兰奇是一个体育迷，虽然他没有成为某项冠军，但对他来说，能为世界体育事业做出自己的贡献，就是最大的快乐。

当选国际奥委会主席最初的几年里，由于工作过于繁忙，他常常一天仅睡5个小时觉。他曾在6天中，出访了6个拉丁美洲国家，参加了20次会议，发表了20次演讲，听取100多人发言，总行程达到2400多公里。这仅是一个小小的统计，类似的日程安排可以说是不计其数。

萨马兰奇在刚刚上任的短短几年时间里，就缔造了一个几乎可以和纽约联合国媲美的"体育联合国"。在这个"联合国"的总部，萨马兰奇和他的同仁们运筹帷幄,共同规划着世界体育发展的崭新格局。

改革,是国际奥委会所面临的重大课题之一。萨马兰奇一上任,就对一度处于低潮的国际奥委会存在的许多问题一一加以改革,诸如有关业余和职业之争,体育比赛中的商业运作,对小国体育经费的资助问题,政治与体育的关系问题,反兴奋剂的问题等。这些问题哪一项也不容易解决,但萨马兰奇一项一项逐一落实,取得了很大成效。

萨马兰奇担任主席以后,国际奥委会领导机构也发生了许多变化。1894年第一届国际体育代表大会时,只有8个国家参加。1988年,国际奥委会成员已发展到了170多个国家和地区。但是在近一个世纪的时间里,英语国家曾长期控制着奥委会,如布伦戴奇和基拉宁都属于这种情况。现在国际奥委会执委里竟没有一名美国人,而像俄罗斯、非洲和亚洲不少国家的代表名额在逐步增加。

萨马兰奇曾亲自多次主持奥运会的比赛工作,如1984年洛杉矶奥运会,1988年的汉城奥运会,1992年的巴塞罗那奥运会,1996年的亚特兰大奥运会等等。这些奥运会的组织工作是非常繁重的,每一届都有大量的问题需要国际奥委会去解决,如洛杉矶奥运会时,由于前苏联的抵制,萨马兰奇不得不穿梭于华盛顿和莫斯科两个大国领导人中间,进行艰难的斡旋;汉城奥运会前夕,韩国局势不稳定,萨马兰奇不得不再三和韩国领导人会谈,解决矛盾,保证奥运会顺利进行;巴塞罗那奥运会,是在萨马兰奇的故土举行的,他自然更加关心备至,倾注了大量的心血,使比赛进行得尽善尽美。

此外,他还十分关注中国体育事业的发展。第23届洛杉矶奥运会开赛第一天,许海峰在手枪慢射中为中国获得第一枚金牌,萨马兰奇亲自把金牌挂在许海峰胸前。萨马兰奇自第一次担任国际奥委会主席以后,在不到10年的时间里,他先后6次到中国,每次来访,日程都是排得满满的,他总是将眼睛"睁得大大的",不放过任何一个观察和参与中国体育事业的机会,体现了他对中国的深厚友谊。

从一个体育运动的爱好者,变成一个世界体育大总管,其间的道路有多么曲折、其间的酸甜苦辣是什么滋味?这只有萨马兰奇自己最清楚。

他从年轻时,就喜欢体育运动,并且怀抱着以体育为媒,把人类的和平与健康推向更高的水平。这是一种怎样的情怀啊!为此,他情愿卖掉银行里的股权,来支持体育事业的开展;为此,他一步一个脚印,从当一个地方的旱冰联合会的普通官员，再到国际奥委会委员、副主席，最后担任了主席职务。他的梦想终于实现了，但他要付出怎样的艰辛？

萨马兰奇成功的秘诀就是——人一定要有自己的追求，自己的理想。他出身在一个有钱人家，他继承了父亲留给他的一份遗产，足够他花一辈子。但钱对他来说不是追求的目标，他的目标要比钱更宝贵。这就涉及一个人的思想定位。

定位越准确，越有可能实现；定位愈远大，就可能走得越远。以前有个故事，说是有种大鸟叫鹏，它的背如高耸的泰山，翅膀好像挂在天边的彩云。鹏舒展躯体，乘着旋转的暴风奋起高飞，直上那九万里的苍穹。它穿云破雾，背负青天，展翅南飞，直往南海。这时，在一片沼泽中有一只小雀，名字叫鷃。它看到鹏高飞翱翔，很不以为然，嘲笑说："它将飞到哪里去呢？我飞腾跳跃不过几丈高，回到地面上，也可以在蓬蒿之间自由自在地回旋飞翔，这也是很得意的呀！"可它究竟能飞到哪里去呢？明眼人心里都有数。

这个故事告诉我们，人只有树立远大的目标才能有伟大的成就。

名人小传

莱特兄弟是20世纪美国著名的发明家。韦伯·莱特生于1867年，他的弟弟奥维尔·莱特生于1871年。1903年，莱特兄弟在北卡罗莱纳州的基蒂霍克驾驶一架由动力驱动的名为"飞行者1号"的飞机，成功地进行了第一次有动力的持续飞行，标志着人类飞行时代的开始。1906年，他们的飞机在美国获得专利发明权。1909年，他们获得美国国会荣誉奖。同年，他们创办了"莱特飞机公司"。莱特兄弟的巨大贡献在于实现了飞机依靠发动机功率和螺旋桨推力的载人飞行。

一天，一位穷苦的牧羊人领着两个年幼的儿子来到一个山坡放羊。这时，一群大雁鸣叫着从他们头顶飞过，并很快消失在远处。

小儿子问父亲："大雁要飞往哪里？"

"它们要去一个温暖的地方，在那里安家，度过寒冷的冬天。"牧羊人说。

大儿子眨着眼睛羡慕地说："要是我们也能像大雁一样飞起来就好了，那我就要飞得比大雁还要高，去天堂，看妈妈是不是在那里。"

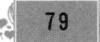

小儿子也对父亲说:"做个会飞的大雁多好啊!那样就不用放羊了,可以飞到自己想去的地方。"

牧羊人沉默了一下,然后对儿子们说:"只要你们想,你们也能飞起来。"两个儿子试了试,并没有飞起来。他们用怀疑的眼神瞅着父亲。

牧羊人说:"让我飞给你们看。"于是他飞了两下,也没飞起来。牧羊人肯定地说:"我是因为年纪大了才飞不起来,你们还小,只要不断努力,就一定能飞起来,去想去的地方。"

于是儿子们牢牢记住了父亲的话,并一直不断地努力。他们长大以后发明了飞机,果然飞起来了。他们就是美国的莱特兄弟。

1894年,奥托·里林达尔试飞滑翔机成功的消息,使莱特兄弟立志飞行。1896年里林达尔试飞失事,促使他们把注意力集中到研究飞机的平衡操纵上。他们特别研究了鸟的飞行,并深入钻研了当时几乎所有航空理论方面的书籍。

当时,航空事业连连受挫,这使人们认为飞机依靠自身动力的飞行是完全不可能的。但莱特兄弟没有放弃自己的努力。仅1900年至1902年期间,除了进行1000多次滑翔试飞之外,他们还自制了200多个不同的机翼,进行了上千次风洞实验,修正了里林达尔一些错误的飞行数据,设计出有较大升力的机翼截面形状。

到1903年,终于制造出第一架依靠自身动力载人飞行的"飞行者1号",并试飞成功。他们因此于1909年获得美国国会荣誉奖。同年,他们创办了"莱特飞行公司"。莱特兄弟的巨大贡献,在于使飞机实现了依靠发动机功率和螺旋桨推力载人飞行的目的。

1908年,莱特兄弟为飞机装置了30马力的发动机,并改造坐椅,使驾驶人坐在机翼中间进行操纵。这一年,他们在法国巴黎举行飞机表演,创下连续飞行2小时22分3秒,飞行距离117.5千米的纪录。这是当时世界上最长的飞行时间和距离。在纪念纽约发现300周年庆典上,韦伯·莱特进行了一次飞行表演。这次飞行虽然仅有几十分钟,却激发了美国公众发展航空事业的热情。

1912年春,韦伯·莱特积劳成疾,于5月29日逝世,年仅45岁。此后,奥维尔·莱特奋斗30年,使莱特飞机公司成为世界著名飞机制造商,拥有高达百亿美元的资金。奥维尔·莱特于1948年逝世,终年,76岁。当时，美国各报均以大字标题报道这一消息，世界航空界为之哀悼。在飞机发展史上，美国的莱特兄弟作出了不可磨灭的贡献，被世人尊为"飞机之父"。

做人感悟

　　一个人未来的一切都取决于他的人生目标。人生目标可以重塑一个人的性格，改变一个人的生活，也可以影响他的动机和行为方式，甚至决定他的命运。整个生活都是在人生目标的指引下进行的。如果思想苍白、格调低下，生活质量也就趋于低劣；反之，生活则多姿多彩，乐趣无穷。

　　许多人一事无成，就是因为他们缺少雄心勃勃、排除万难、迈向成功的动力。不管一个年轻人有多么超群的能力，有多么聪明、谦逊、和善，如果他缺少迈向成功的发动机，他将难有成就。

　　成功人士中，几乎没有谁能解释得清为什么自己会执著地追求事业，把全部的精力只集中于一点。好像有一股看不见的神秘力量在指引着他们，而所作所为不过是顺应内心深处的启示而已。

有梦想的人天高地阔

　　记得有位诗人说过这样一句话："人类最大的愿望是长出翅膀，最大的梦想是飞。"作为一个人，尤其是孩子，天生都有梦想，童年是梦想的故乡。梦想就好比是鸟儿飞翔的翅膀，不展开双翼，你永远不知道你究竟能飞多远。

　　一个人心中拥有了梦想，就会在希望中生活，从而不断地创造生命的奇迹。黎巴嫩著名诗人纪伯伦说："我宁可做人类中有梦想和有完成梦想愿望的、最渺小的人，而不愿做一个伟大的无梦想、无愿望的人。"童年是多梦的季节，我们从小就应当精心保护自己的梦想，这样，梦想的种子才有可能长成参天大树。

　　台湾作家林清玄出身于农民家庭，对于他的父亲来说，只要儿子能像他一样长得结结实实，靠自己的双手在田里刨食养活自己，还能把这么多孩子养活，就是一个奇迹了。

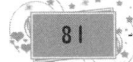

成功——让理想照进现实

有一天，林青玄和父亲在地里干活，忽然听到从头顶传来一阵"嗡嗡"的声音。他抬头一看，一架飞机正从头顶上飞过。他出神地看着飞机渐渐地远去，然后对父亲说："我长大了要到台北去，而且要坐着飞机去。"

父亲一巴掌打在他的屁股上说："孩子，别做梦！老老实实地低头干活吧。坐飞机到台北这事，我保证你这一辈子都不可能办到。"

后来林青玄长大了，喜欢上了读书，然后又不停地写作，终于成了著名作家。他不仅可以坐飞机去台北，还可以到世界任何一个地方。

著名作家蒋子龙读中学的时候语文成绩极差，尤其是作文，在全班是最差的。

一次作文课，老师要求大家写自己的梦想，蒋子龙写自己的梦想是将来当一名作家。语文老师生气地说：全班所有同学除蒋子龙外都有可能成为作家，就是蒋子龙不可能。可十几年后的结果是：除了蒋子龙成了作家，别的同学都没有成为作家。

诗人雪莱说："我们可以成为我们所梦想的那样。"有些父母和老师面对孩子的梦想，会说那是不切实际的"好高骛远"。他们不明白，正是有了梦想，不切实际才有可能变为实际。

梦想就好比人体成长需要的微量元素与氨基酸，缺少它，大脑就会缺乏营养，思维就会迟钝，没有想象力、创造力。一个人要是没有梦想，就应当进行自我训练，而对于孩子，父母和老师要给予引导，让他们在无数个梦想中，充分发挥想象力与创造力。

一些教育专家指出，不切实际的梦想之所以能实现，就是因为梦想能让人在心中产生一种激情，这是人成长的宝贵动力，它会最大限度地激发人的潜能，从而实现自己的梦想。

关于人生的内涵，在中国的词典上大多是这样解释的："人生是指人的生存以及后来全部的生活经历。"但在美国的教科书上被表述为："人生就是为了梦想和兴趣而展开的表演。"

做人感悟

记得一位成功人士说："你的成就永远不会越过你的想法。"有句广告词说得好："思想有多远，你就能走多远。"有梦想的人，天地就广阔。

梦想一旦萌发，就会魂牵梦萦，拉直你人生中的诸多问号。退一步，即使梦想不能实现，对自己也始终是一种激励，定会为你的生活增添光彩。

最后，再向大家提出一条建议：你的梦想一定要值得用全部的热情和生命去坚守，这将是令人愉快的过程，并最终引领你攀上成功的巅峰。

梦想是一个人拥有的真正财富

高尔基出生在伏尔加河畔一个木匠家庭。由于父母早亡，他十岁时便出外谋生，到处流浪。他当过鞋店学徒，在轮船上洗过碗碟，在码头上搬过货物，给富农扛过活。他还干过铁路工人、面包工人、看门人、园丁……

在饥寒交迫的生活中，高尔基通过顽强自学，掌握了欧洲古典文学、哲学和自然科学等方面的知识。只上过两年小学的高尔基在24岁那年发表了他的第一篇作品，那是刊登在《高加索日报》上的短篇小说《马卡尔·楚德拉》。

小说反映了吉卜赛人的生活，情节曲折生动，人物性格鲜明。报纸编辑见到这篇来稿十分满意，于是通知作者到报馆去。当编辑见到高尔基时大为惊异，他没想到，写出这样出色作品的人竟是个衣着褴褛的流浪汉。编辑对高尔基说："我们决定发表你的小说，但稿子应当署个名才行。"高尔基沉思了一下说道："那就这样署名吧：马克西姆·高尔基。"在俄语里，"高尔基"的意思是"痛苦"，"马克西姆"的意思是"最大的"。从此，他就以"最大的痛苦"作为笔名，开始了自己的创作生涯，而他的原名是阿列克塞·马克西莫维奇·彼希可夫。

青少年时期漂泊流浪的生活，使高尔基亲眼看到并亲身体验到俄罗斯劳苦大众在沙皇统治下的艰难生活。高尔基对腐朽的旧制度充满厌恶和憎恨。他在作品中抨击了沙皇制度的黑暗，揭露了资本主义社会的阶级剥削和压迫。他的作品受到广大读者的欢迎，但沙皇政府对此十分害怕，曾几次监视、拘禁和逮捕高尔基，并将他流放。镇压不但没有使他屈服，反而更加坚定了他斗争的意志和决心。

1906年，高尔基的代表作、长篇小说《母亲》完成。它描绘了无产阶级波澜壮阔的革命斗争，塑造了工人党员巴维尔和革命母亲尼洛芙娜的感人形象。这部小说极大地鼓舞了工人群众，使沙俄统治者十分惊恐。《母亲》被公认为世界文学史上崭新的、社会主义现实主义奠基作品。

革命导师列宁是高尔基的良师益友。列宁不断地在思想、工作和生活上关怀、帮助高尔基。在列宁的建议、鼓励之下，高尔基创作了自传三部曲:《童年》《在人间》和《我的大学》。自传三部曲不仅反映了作家本人的生活经历以及他接受马克思主义以前艰苦的思想探求过程，而且广泛概括了19世纪70—80年代的俄国社会生活，描写了劳动人民的悲惨生活和遭遇，歌颂了他们的优秀品质。

高尔基的最后一部作品是长篇小说《克里姆·萨姆金的一生》。他一生创作了大量的各种体裁的作品，为无产阶级文学宝库留下了一笔巨大的财富。

在一些著名人物的传记中，我们经常可以看到：他们往往要等上很多年，才能够获得成功。

英国作家托尔金把自己半辈子的心血都花在他的三部曲史诗《行会首领》上。法国的萨特几乎用了10年的时间来写他的第一本书。在10年的时间当中，萨特只专心撰写这唯一的一本书，三易其稿，可是最后却遭到了所有出版商的拒绝。

很多艺术家们长达几年地专攻一幅画作、一本小说或一部戏剧，他们过着完全没有保障的生活，常常陷入贫困、经济拮据的境地，但是所有这一切他们都可以置之不理，只为了能够使自己的梦想成真。如果问他们：付出这么多艰辛值得吗？他们会回答说：必要的话，还将一直这么做下去。一个人丰富的内心世界和梦想在他人的眼里也许会显得"很古怪"，但是这恰恰是一个人拥有的真正财富。

做人感悟

<u>凡是努力工作、具有创造力的人，其最终目的就是为了实现自己的愿望。如果一个人没有了自己的愿望，那他就根本不可能有什么动力。</u>

第四篇

善于思考，敏于行动

大胆提出疑问

达尔文的进化论是对当时宗教神学观的叛逆，是大胆怀疑的产物。

他一生最感谢和尊重两位导师：一个是汉斯罗，一个是赖尔。他恳切地接受导师的指导，但这并不妨碍他保持自己的风格，具有自己的思考。例如，汉斯罗认为缠植物的运动是由于它们本身具有一种盘旋生长的自然倾向，可是达尔文根据自己对花房中栽培的攀缘植物的运动认为是一种对生活环境的适应，以获取阳光面和较多的空气，利于生存和生长，不这样的话，它们很难生活下去。又例如，赖尔关于珊瑚礁的形成，曾提出一个火山口理论。人们相信赖尔，谁也不去怀疑。可是达尔文根据自己的观察提出了疑问："新的事实似乎不像赖尔所说的那样。"他认为珊瑚礁的形成与火山没有必然的联系，它是珊瑚虫长年累月筑成的。

后来他自己成了权威，但这并没有使他变得保守和谨小慎微起来，而是仍然富有怀疑和进取心。

有一次，他读着刚出版不久的《血族婚姻》一书，作者引用比利时一位学者发表在权威杂志《比利时皇家学会会报》上的一段实验资料：用近亲的兔子交配许多代，丝毫没有发生有害的后果。人们对权威报刊上的文章，习惯于不去怀疑。但达尔文认为，这一实验报告是站不住脚的，于是写信给那家杂志，提出自己的见解，询问实验是否真实。果然，不久他得到回复，那个实验报告是伪造的。

达尔文从来不以伟人自居，他知道虚怀若谷对科学的价值。因此，他不能接受任何吹捧自己、贬低旁人的做法，面对别人的这种行为，他会直言相告："反对您加在我们那些伟人身上的巨大重要性；我惯常认为：第二、三、四流人物都极为重要，至少在科学家方面是这样的。"

做人感悟

大胆怀疑权威，才能开动自己的脑筋，有所发现。敢于否定权威，科学才能不断发展，社会才能不断进步。

敢于向权威提出质疑

1572年,伽利略开始上学,他是班上最聪明的学生,老师对他很满意。

伽利略多才多艺。他会画画、弹琴,非常喜欢数学,他的手也很灵巧,会制造各种各样的机动玩具。伽利略常在家里做一些能运转的小机器,其中有一种能从地上举起笨重的东西。他把它看成是自己最好的玩具。他本可以成为一个大画家或者大音乐家。

但是,他更爱自然科学。他的心中充满了各种各样的疑问。

他总是问父亲,为什么烟雾会上升?为什么水会起波浪?为什么教堂要造得顶上尖、底层大?晚上,他经常坐在室外观看星星,心里充满了各种奇妙的想法,尝试着为自己解释各种事物,有的问题甚至连他的老师都回答不了。

长大以后,他的疑问就更多了。

17岁那年,他以优异的成绩考上了比萨大学医科专业。

有一次上医学课,讲胚胎学的比罗教授照本宣科地说:"母亲生男孩还是女孩,是由父亲身体的强弱决定的。父亲身体强壮,母亲生男孩,反之便生女孩。"

"老师,你讲得不对,我有疑问!"多疑好问的伽利略又举手发言了。

比罗教授自觉有失尊严,便神色不悦地说:"你提的问题太多了!你是个学生,应该听老师讲,不要胡思乱想。"

"这不是胡思乱想。我的邻居,男的身体非常强壮,从没见他生过什么病,可他老婆一连生了五个女儿,这该怎么解释?"伽利略反问道。

"我是根据古希腊著名学者亚里士多德的观点讲的,不会错!"比罗教授搬出了理论根据。

"难道亚里士多德讲的不符合事实,也要硬说他是对的吗?"伽利略继续辩解。

比罗教授无以对答,只好怒气冲冲地威胁说:"上课只能听老师讲。你再胡闹下去,我们就要处罚你!"

事后,伽利略果然受了学校的训斥。但他勇于坚持真理,丝毫没有屈服,并从这时起,开始了对亚里士多德学说的怀疑与探讨。

他深入钻研了亚里士多德的著作，常常陷入沉思之中。他想，亚里士多德的许多理论并没有经过证明，为什么要把它们看作是绝对真理呢？

伽利略少年时代提出的许多个为什么，后来都由他自己找到了答案。

做人感悟

检验真理的唯一标准是实践，而不是权威，因此，不要迷信任何人、任何理论。

不囿于传统

沃德卡是哥白尼少年时期最敬重的一位老师。一天，哥白尼去沃德卡家作客，老师不在。他顺手从书架上抽出一本书，打开一看，老师在折了角的地方写了一条批注："圣诞节晚上，火星和土星排成一种特殊的角度，预示着匈牙利的皇上卡尔温有很大的灾难。"

正在这时，沃德卡推门走进来。他见哥白尼在家里看书，高兴地说："孩子，又看什么书了？"

哥白尼毕恭毕敬地把书递过去，老师边接书边关切地问："能看懂吗？"

哥白尼认真地回答说："老师，我看不懂，火星也好，土星也好，都是天上的星星，他们与卡尔温毫无关系，怎么能预示他的祸福呢？"

"怎么不能呢？"沃德卡反问道，"命星决定一切！"

哥白尼当仁不让，大声反驳说："如果是这样，那人还有没有意志？如果有，人的意志和天上的星星又有什么关系？"

对于哥白尼尖锐的反驳，沃德卡并没有生气，他明白，信不信天命是关系到天文学命运的重大问题。对这个问题，他对传统的偏见有过怀疑，但又说不出道理。他踌躇再三，深情地对哥白尼说："孩子，天命决定一切，这是几千年以来的一条老规矩，我不过是拾前人的牙慧罢了。至于你提的问题，确实很有意思。但我没有能力回答你，你如有毅力的话，以后研究吧！"

老师的希望，不久就变成了现实。几十年后，哥白尼创立了"太阳中心说"的伟大理论，宣告了"天命论"的彻底破产。

做人感悟

人类就是在不断打破传统的观念中进步的。敢于对传统观念提出质疑的人，在科学上才可能有所发现。

除了勇气和魄力，还需要智慧

亚历山大，古代马其顿帝国的皇帝，是世界历史上第一位征服欧亚大陆的著名帝王。亚历山大出生于马其顿。他的父亲是菲利浦二世，一个英勇善战富有抱负的皇帝。母亲是一个聪慧过人的贵族妇女，从小亚历山大就深受父母的影响。在他的眼中，父母既是他的启蒙老师，又是他的偶像。在他们的熏陶和影响下，亚历山大继承了父母的优点。他既聪明伶俐、勇气过人，又有自己的主张和抱负。菲利浦二世看着这么优秀的儿子，曾感慨地说过："儿子，向外发展吧，走得更高更远吧，马其顿对你来说，实在是太小了。"亚历山大不仅有着杰出的父母在教导和影响着他，他还有一个伟大的老师。他的老师被人称为"百科全书"，他就是亚里士多德。亚里士多德在亚历山大青年时代起了十分重要的作用。他告诉亚历山大，作为一个帝王，不仅仅要有勇气，还要有智慧。亚里士多德的观点和信念深深地影响着亚历山大，比如：亚历山大用他一生的时间实践着民族平等。他说："征伐是必须的，平等也是必须的。"

一个勇气过人的帝王的霸气和魄力在亚历山大年少时就显现出来了。那时候，有人送给父亲菲利浦一匹宝马。这匹马十分暴躁，它不允许任何人靠近。当亚历山大看到这匹马的时候，兴奋地说："真是一匹好马，叫什么名字？"下人回答："布赛法鲁斯。"当亚历山大靠近这匹马的时候，马立刻用它自己的方式去反抗，它四蹄乱蹬，不让任何人靠近。跟在亚历山大身后的那些人都被马吓跑了，只有亚历山大依然站在这匹烈马的面前，盯着马的眼睛。

马这个时候也停止了躁动，同样用刚烈的眼神看着亚历山大。他们就这样对峙着，毫不示弱。突然，亚历山大跑到马的跟前，用闪电般的速度

第四篇 ◆ 善于思考，敏于行动

拉起缰绳把马头按下来，一跃跳上了马背，马挣扎了一下，随后就温驯下来。亚历山大驾着马迎着太阳如同风一般狂奔起来，如同太阳神一般耀眼。在场所有的人从开始的惊讶到惴惴不安到后来狂呼喝彩，马其顿最伟大的勇士出现了。

做人感悟

无论做什么事，除了勇气和魄力，我们还需要智慧。有了勇气和智慧，我们也可以像亚历山大一样，什么事都可以做好，哪怕别人认为不可能的。

"说者无心，听者有意"

在世界206个国家和地区，可口可乐的广告铺天盖地，随处可见，而它的独特口味又深深吸引着全世界的广大消费者，致使它每天的平均销量达10亿瓶（罐）以上。让可口可乐这种当初的治头痛药水迅速走向世界、风靡全球的，是一位名叫罗伯特·伍德鲁夫的人，他被美国人誉为"可口可乐之父"。

1923年4月28日，年仅33岁的罗伯特·伍德鲁夫当上了可口可乐公司的第二任董事长兼总经理。在他刚上任的时候，就提出一个响亮的口号：要让全世界的人都喝可口可乐！但要让这种略带药味的饮料为全世界的消费者所接受，又谈何容易！机会来自于1941年某天晚上的一个电话。

伍德鲁夫的一位老同学是麦克阿瑟军团的上校参谋，他刚从菲律宾回国，特意给伍德鲁夫打来电话。在电话中那位老同学半开玩笑地抱怨说："我在菲律宾天天想念你的可口可乐。我要是骆驼的话，一定灌上一皮囊可口可乐带到菲律宾去。"老同学的一席话激发了伍德鲁夫的灵感：如果前方将士都能喝上可口可乐，这不就成了海外市场的活广告了吗？当地的老百姓受其影响，自然也会喝这种饮料。这不就等于间接地打开了外销市场吗？

第二天一早，伍德鲁夫赶到华盛顿，找五角大楼的官员们商量向前线供应可口可乐的问题。他召开记者招待会，邀请国会议员、前方战士家属以及国防部的官员参加。他还印制了一本名为《完成最艰苦的战斗任务与休息的重要性》的画册，配上照片和杜撰的前方战士的心声，看上去很有鼓动性。

伍德鲁夫这个天才的演说家使国会议员、军人家属和整个五角大楼为之倾倒。美国国防部不久就开会宣布：在世界上任何一个角落，凡是有美国部队驻扎的地方，务必使每一个战士都能以五美分喝到一瓶可口可乐。这一供应活动所需的一切费用和设备，国防部将予以全力支持。

五角大楼的全力支持使可口可乐公司如虎添翼。在短短的两三年内，公司就向海外输出了64家可口可乐工厂的生产设备，军用可口可乐多达50亿瓶。从此可口可乐公司成功开辟了国际市场，走向了世界。

做人感悟

驰名全球的可口可乐竟然是从战场上走向千家万户的。真可谓"说者无意，听者有心"，一个精明的商人从来不会放过任何一条有价值的信息，总要千方百计地把价值最大化。

在人生的道路上谨慎行事

莎士比亚被称为"人类最伟大的戏剧天才"，从古老的欧洲文艺复兴时期到现代，都被人们所推崇。英国著名戏剧家本·琼森这样说："时代的灵魂，他不只属于一个时期，而是属于所有的世纪。"

青年时期的莎士比亚非常喜欢打猎。有一天，他和镇上几个志同道合的青年约好，准备到野外去打鹿。他们扛着绳和枪，兴冲冲地上路了。可是来到森林以后却发现当时森林里竟然一只鹿都没有，几个青年焦急地等待着猎物的出现，可是等了大半天，依然一无所获。他们不得不又扛着枪和绳子按原路返回，每个人都显得那么垂头丧气。可是，当他们经过一个私人家的大花园时都禁不住眼前一亮。原来这大花园里面有许多肥美的梅花鹿，它们在花园中奔跳撒欢。几个青年像发现了新大陆似的，都手痒难耐。其中有一位青年提醒说这是托马斯·露西爵士家的梅花鹿，如果打了，肯定会闯下大祸。因为托马斯·露西爵士不但在当地有权有势，而且人人都晓得他爱鹿如子。

可是这几个年轻人包括莎士比亚在内，看到那肥美的梅花鹿都禁不住诱惑，他们决定冒一冒险，侥幸地以为不会被人发现。莎士比亚首先举起了猎枪，只听"砰"的一声，一只健壮的梅花鹿倒在了地上。枪口的烟还没有散去，他就被几个剽悍的家丁团团围住。家丁把瘦弱的莎士比亚拖到了主人面前，听候主人发落这个偷鹿贼。托马斯·露西爵士一向是个刻薄的人，他怎么能饶恕触犯自己利益的人，又何况是杀掉了自己最心爱的梅花鹿。

露西对这件事情的处理上表现得很残暴，他自己亲自主持审讯，不但用尖酸刻薄的话来侮辱莎士比亚，还命令家丁拷打他，莎士比亚遭到了前所未有的皮肉之苦。审讯一直持续到天黑，然后莎士比亚被推进暗房里，饿了一整夜。莎士比亚心爱的猎枪，也被没收了，这令他感到无比的心疼与难过。

回到家中，莎士比亚的脑子里像录音机一样，久久回荡着露西爵士尖酸的话，年轻气盛的他还没有受到过这样的侮辱，他对此感到羞耻，最后，他决定报复。于是，用他最擅长的文学作武器，写了长长的讽刺诗贴在了爵士家的门上。

爵士看了以后，火冒三丈，扬言要把莎士比亚告上法庭，年轻的莎士比亚怎么也想不到一颗子弹能闯下如此大祸，引出这么多的事。于是，为了躲避法律的惩处，他不得不离开斯特拉特福，远去伦敦求生。

这个偶然的打鹿事件改变了莎士比亚的人生道路，他也为此付出了代价，但是，后人这样评价莎士比亚的打鹿事件："从此，斯特拉特福镇失去了一个手艺不高的梳羊毛的人，而全世界却获得了一位不朽的诗人。"

做人感悟

有时候，一件小事情足以改变一个人的生命轨迹。这个轨迹可能会向好的方向发展，也可能会给你带来厄运。尽管，莎士比亚成了一位不朽的诗人，但是，我们还是应该在人生的道路上谨慎行事，把握好自己的人生轨迹。

拥有不敏锐的观察力

美国俄亥俄州一家小店的售货员普洛斯特和杂货老板盖姆脾气相投，两人经常互相串门，在一起喝咖啡、聊天。盛夏的一天，普洛斯特来到盖姆家，老朋友一道在楼前喝咖啡闲聊。

盖姆夫人在一旁洗衣服。普洛斯特突然发现，盖姆夫人手中用的是一块黑黝黝的粗糙肥皂，和她洁白细嫩的手形成了强烈的反差。他不禁叫道："这肥皂真令人作呕！"普洛斯特和盖姆就开始商量如何做出一种又白又香的肥皂来。

在那个年代，使用黑肥皂是一件平常事，但有心的普洛斯特却萌发出创业的念头。他和盖姆决定开办一家专门制造肥皂的小公司，名字就用他俩名字的头一个字母P和C，叫P&C公司，也就是宝洁公司。普洛斯特聘请自己的哥哥威廉姆当技师，研制洁白美观的肥皂。经过一年的艰苦研发，一块洁白的肥皂出现在他们面前。普洛斯特和盖姆欣喜若狂。该给它起一个怎样动听的名字呢？

普洛斯特就像要给刚刚诞生的婴儿起名字一样，苦思冥想，日夜琢磨。星期天，普洛斯特到教堂做礼拜，神甫朗读的圣诗飘进了他的耳朵："你来自象牙似的宫殿，你所有的衣物沾满了沁人心脾的芳香……"普洛斯特心头一动："对！就叫'象牙肥皂'。'象牙肥皂'洁白如玉，能洗净心灵的污秽，更不用说外在的尘埃了。"

实用的产品，圣洁的名字，谁能不爱？宝洁公司为新型肥皂申请了专利。为了把这种产品推向市场，普洛斯特和盖姆求助于广告。他们聘请名牌大学的著名化学家分析"象牙肥皂"的化学成分，从中选择最有说服力和诱惑力的数据，巧妙地穿插在广告中，让消费者对"象牙肥皂"的优良品质深信不疑。宝洁公司的"象牙肥皂"果然一炮打响，大受欢迎！

一百多年来，宝洁凭借产品创新加广告，发展成为饮誉全球的洗涤用品跨国公司，宝洁的产品走进了全球亿万家庭。美国哈佛大学的普希尔博士说："宝洁为世界工业发展史竖起了一块丰碑！"

第四篇 ◆ 善于思考，敏于行动

做人感悟

宝洁公司是一个驰名世界的著名企业。谁又知道，他们的发家仅仅源于对当时普遍使用的黑肥皂的不满而引发的创新呢？我们经常觉得成功离我们非常遥远，但大多数成功者都是和我们一样的普通人，只是他们拥有更敏锐的观察力，他们更喜欢思考，更喜欢锲而不舍地追求。让我们学习他们的经验，做一个会观察、会思考、会创新的人。

从司空见惯的事物中发现非同寻常的现象

1905年，美国天文学家洛韦尔根据天王星、海王星的运动不能解释的一些现象，预言在海王星外可能还存在一颗未知的大行星，并指出了这颗未知的行星所在的大体方位。

遗憾的是，洛韦尔耗费了大量心血，经过十多年的观测，利用各种仪器对天空进行拍照搜索，直到去世仍未能找到他所预言的行星。

在洛韦尔之后，天文学家匹克林继续做着洛韦尔的事业。他也拍摄了大量的天体照片，一干又是十几年，还是无所发现。

美国业余天文爱好者汤博，在1930年利用折射望远镜沿着整个黄道进行系统拍照，经过比较，发现照片上有一个光点的位置有了明显的移动。他用望远镜直接跟踪观察，终于获得了天文学上的又一重大发现——人们期待已久的冥王星终于被找到了。

当汤博宣布这一发现，指出冥王星的位置就在他拍摄的双子星座的照片上，与洛韦尔所指出的位置只差五度时，匹克林猛然想起自己也曾拍摄过那个方位星空的照片。他找到那张照片，很容易地在自己的照片上找到了冥王星的亮点。

他回忆起来了：记得那天拍摄时镜头好像没擦干净，照片上冥王星的位置正好有一点灰尘的影子。他当时没有在意，错将照片上的冥王星当成了镜头上一点没擦干净的灰尘。这导致匹克林最先拍摄的冥王星的照片静静地沉睡了11年，他也因此失去了发现冥王星的机会。

当我们为洛韦尔和匹克林的辛劳深感敬佩和惋惜的时候，又不能不对汤博的敏锐深感敬佩和折服。

下面的这个故事也同样能够引起我们的思索。

1930年，20出头的约翰太太养育了3个孩子和一群鸡鸭。那年，一窝鸡蛋孵到只剩两天出壳，母鸡却意外身亡。约翰太太只好把鸡蛋移至灶头人工孵化。在约翰太太将新母鸡物色好之前，有四只性急的鸡仔率先出壳了。这四只第一眼认错了妈妈的小鸡仔在此后的日子里总是跟在约翰太太的身前脚后，而对"继母"感情淡薄。后来，这四只小鸡仔因为缺少母鸡的庇护先后夭折。

在此之前，约翰太太及她的前辈们就明白一个道理：小鸡小鸭总是把它生出后看到的第一个在眼前晃动的物体当作妈妈，而且以后很难改变。

在约翰太太孵鸡的同时，万里之遥的奥地利，一位名叫洛伦兹的小伙子正在观察一群小动物。洛伦兹从医学院毕业后回到了位于奥地利北部的家乡，承续祖业行医疗病，同时从事动物学研究。1935年春天，洛伦兹偶然发现一只刚出世的小鹅总是追随自己，几经分析，他推测这是因为这只小鹅出世后第一眼看见的是人，所以把人当作了它的母亲。进一步的实验证实了这一推测。继而，洛伦兹总结出"铭记现象"，又称"认母现象"，并提出动物行为模式理论，认为大多数动物在生命的开始阶段，都会无须强化而本能地形成一种行为模式，且这种模式一旦形成就极难改变。这一理论成为后来"狼孩"研究中最站得住脚的答案之一。如今我们生活中正着力推广的"母婴同室""早期教育（也叫关键期教育）"都源于这一理论。洛伦兹借此成为现代动物行为学的创始人，并于1953年获得诺贝尔医学生理学奖。

约翰太太在洛伦兹之前就知道鸡鸭有这种被称为"认母行为"的现象，但她不能将此推广至所有的动物，更不能提出一套理论，建立一门学科，所以她与诺贝尔奖无缘，尽管约翰太太与1953年的诺贝尔医学生理学奖如此接近。

从日常人们司空见惯的事物中发现非同寻常的现象需要的是智慧。在生活中，许多人都能够有所发现。但是，要让这种发现产生价值和被别人所承认，需要深厚的基础知识和相应的能力支撑。

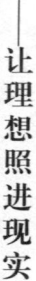

做人感悟

> 机会永远给予这样的人：他们的思路非常灵活，善于用自己的眼睛去看别人看过的东西，在别人司空见惯的东西上能够发现出令人耳目一新的奇迹。

想别人之不敢想，为别人之不敢为

越战期间，美国好莱坞举行过一次募捐晚会，由于当时的反战情绪比较强烈，募捐晚会以一美元的收获而收场，创下好莱坞的一个吉尼斯世界纪录。

不过，在这次晚会上，一个叫卡塞尔的小伙子却一举成名，他是索斯比拍卖行的拍卖师，那一美元是他用智慧募集到的。

当时，他让大家在晚会上选一位最美丽的姑娘，然后由他来拍卖这位姑娘的一个亲吻，最后他募到了难得的一美元。当好莱坞把这一美元寄往越南前线的时候，美国的各大报纸都纷纷进行了报道。

人们看到这一消息，无不惊叹于卡塞尔对战争的嘲讽，然而德国的某一猎头公司却敏锐地发现了一位天才，他们认为卡塞尔是一棵摇钱树，谁能运用他的智慧，必将财源滚滚。于是建议日渐衰微的奥格斯堡啤酒厂重金聘他为顾问。1972年，卡塞尔移居德国，受聘于奥格斯堡啤酒厂。

他果然不负众望，在那里异想天开地开发了美容啤酒和浴用啤酒，从而使奥格斯堡啤酒厂一夜之间成为全世界销量最大的啤酒厂。1990年，卡塞尔以德国政府顾问的身份主持拆除柏林墙，这一次，他使柏林墙的每一块砖以收藏品的形式进入了世界上二百多万个家庭和公司，开创了城墙砖售价的世界之最。

1998年，卡塞尔返回美国，他下飞机的时候，美国大西洋赌城——拉斯维加斯正上演一出拳击喜剧，泰森咬掉了霍利菲尔德的半块耳朵。出人预料的是，第二天欧洲和美国的许多超市出现了"霍氏耳朵"巧克力，其生产厂家是卡塞尔所属的特尔尼公司。这一次，卡塞尔虽因霍利菲尔德的起诉输掉了盈利额的80%，然而他天才的商业洞察力却给他赢来年薪3000万的身价。

新世纪到来的那一天，他应休斯敦大学校长曼海姆的邀请，回母校做创业方面的演讲。在这次演讲会上，一个学生当众向他提了这么一个问题："卡塞尔先生，您能在我单腿站立的时间里，把您创业的精髓告诉我吗？"那位学生正准备抬起一只脚，卡赛尔就答复完毕："生意场上，无论买卖大小，出卖的都是智慧。"

这次他赢得的不仅是掌声，还有一个荣誉博士的头衔。

在知识经济时代，智慧就是金钱，创意就是财富。作为商人，必须要善于动脑，思路灵活才行。

做人感悟

要想拥有巨大的财富，就必须具有独特的眼光，敏锐的观察力和预见力，想前人之所不敢想，为前人之不敢为，大胆创新，去寻找一片新的天空，开拓一片新的领域。出色的经营需要有别具一格的创意，需要独辟蹊径，需要在别人所不容易注意到的领域开创出一条崭新的道路。

善于思考才能充分利用有限的资源

在古代非洲北部、靠近地中海的地方，有一个强大的国家，这就是迦太基。

迦太基的前身是位于地中海的名叫腓尼基的国家。迦太基的创始者是腓尼基国的公主狄多。狄多非常美丽，父母把她看作掌上明珠。但是，他们违背了她的意思，硬要她嫁给一个她并不爱的人，而她另有所爱。为了追求真正的爱情，狄多带了细软和一些随从，离开了故土，逃向远方。经过转辗奔波，一行人渡过地中海，来到了富饶的北非。

她决定定居下来，就与当地的酋长谈判，向他购买一块土地。酋长只肯出售一块公牛皮能够围住的土地，狄多答应了。

一张公牛皮能覆盖多少土地？公主让人把公牛皮切成一条一条的细绳，

再把它们连接起来，连结成了一根很长的绳子。她在海边把绳子弯成一个半圆，一边以海为界，圈出了一块相当大面积的土地。

狄多公主巧妙地解决了一个极大值的问题：首先，公牛的牛皮面积是一定的，用牛皮圈地，把牛皮剪成细绳加以围地，就能圈出比用牛皮覆盖出的面积多得多的土地；第二，以海边为界，这就节省了圈牛皮，使省下的牛皮可以圈出更多的土地；第三，狄多圈出的形状是一个半圆。在各种形状中，周长一定的情况下，圆有最大的面积。因为依海省下了海岸线，因此圈成半圆，其面积是最大的。

酋长见狄多公主圈走了他很大的一片国土，很是心疼；但他是个讲信用的人，只能由狄多公主去圈地。

狄多公主在这块土地上苦心经营，日益兴旺发达，后来，这个地方发展成为海上重镇迦太基。

做人感悟

一个善于动脑、思路灵活的人，总是能够充分利用有限的资源，使其发挥最大的功效，以最大限度地为自我发展提供最为广阔的空间。

选择采用非正规道路的谋略

公元前207年，秦朝发生起义。两个对立的起义军首领互相争斗，意在控制秦朝的战略要地关中。刘邦早已征服了关中。但另一位更强大的起义军首领项羽，也对这片土地虎视眈眈。因为项羽的兵马强于刘邦，刘邦被迫割让关中。

虽然刘邦有条件地投降了，但项羽对刘邦的野心仍不放心。他想让刘邦离关中越远越好。他把王土分成18份，让刘邦去最远的西端为王。为进一步隔绝刘邦的潜在威胁，他把首府与刘邦之间的封地划成三块，指定三名将军分管每块封地。其中一块封地叫陈仓。

刘邦本来就对放弃最初征服的王土心怀不满，此刻更对被贬至荒芜之地怒火中烧。当他率军撤离关中首府时，一位谋士建议，他们应该毁掉连接西部新家与首府之间的木道。这会让项羽放心，认为刘邦不再返师东进，寻求复仇。刘邦认可了。于是，刘邦的士兵拆毁了他们走过的路和桥。

一旦到达新领地，刘邦命令将军们重建军队。当军队强大到足以打败项羽时，刘邦召集了将军们。他们讨论了如何最好地进行东征，夺回王土。途中面临两个障碍：第一，三位将军统治的封地，包围着他们的新领地，横亘在他们和首府之间；第二，通往项羽那里的木道已成废墟。刘邦和他的将军们足智多谋。他们设计了一个聪明的计谋克服障碍，并从中汲取力量。

刘邦命令一个小分队去重修木栈道。它对刘邦的对手产生两方面的冲击：首先，它使他们放松警惕。刘邦的人手太少，要几年才能修复栈道，至少对手这么想；其次，他的计划把对手的注意力吸引到"明显的"道上来。项羽和陈仓的将军们都认为，即使刘邦修复栈道，他们也只需集中兵力封锁狭隘口，便能轻易阻止他的进攻。

刘邦压根就没想过用栈道。他的这个项目仅仅是颗烟幕弹。他计划通过另外一条非正规道路袭击项羽。

当对手还在盯着栈道时，刘邦命令部队攻击邻国陈仓。他令陈仓的将军大吃一惊的同时攻克了这块封地。这一举动让对手猝不及防，巩固了刘邦的权力。它为决战奠定了基础，随后刘邦不断扩充势力，打败横在他和关中首府之间的各国，直到击溃项羽。刘邦最终收复关中，重新指挥起义，统一了中国，成为汉朝的始祖。

刘邦大胆思维，巧妙设计，把对手的注意力吸引到明显、正规的路上。他利用了对手的注意力转移，选择采用非正规道路的谋略，令对手吃惊，取得胜利。

《塔木德》上的一句著名的格言是："开锁不能总用钥匙；解决问题不能总靠常规的方法。"下面的一段历史故事，再次对此做出了生动的诠释。

1956年10月，以色列军队企图夺取西奈半岛，而首要目标是埃及军队的核心要塞——米特拉山口。埃及驻西奈半岛守军将领当然也十分明白，一旦米特拉山口失守，那么西奈半岛也就难以维持了。因此，他们除了派重兵镇守山口外，还在旁侧地带驻军，以备不测。

"以我们目前的守备力量，我想，米特拉山口在我们手中是万无一失的。"山口埃军的部队首领这样向上司说道。

10月的一天，米特拉山口的埃军阵地上空，突然出现了四架以色列野马式战斗机。"不好，敌人要来偷袭我们。全体进入阵地，准备战斗！"指挥员下达了作战命令。埃军士兵纷纷进入隐蔽掩体，举起自动步枪，架起高射机枪，准备射击。可是，以色列战斗机并没有对埃军阵地用机枪扫射，也没有投下炸弹。它们轰鸣着，一忽儿猛然掠地俯冲，一忽儿又直插云霄。低飞时距地面不过四米高，而升起时又不见了飞机的踪影。

埃军官兵对以色列战斗机的这种奇怪举动一时目瞪口呆。

"不要傻看了，快打电话向上级报告吧！"不知是谁提醒了一下，于是通信兵慌忙摇起电话，准备向上司报告。可是摇了半天，一部电话机也听不到声音。

"哦，是那几架该死的飞机把我们的电话线给割断了。这可怎么办呢？"事情正是这样，以军用飞机的螺旋桨和机翼将埃军的电话通信线切断了。

做人感悟

埃军官兵一下子陷入了极大的惊慌之中，这时，一场大战始了……

由此可见，真正的成功属于那些谋略超群的人。这世间许多"非常的成功"，是以"非常的手段"达成的，在实现自己目标的过程中，我们既要知道努力，也要知道思考，运用适当的谋略，寻找达成某种目标的最佳途径。

做人不应只靠力气

春秋战国时期，经过不断的战争，中原大地上的许多小国灭亡了，只剩下秦、楚、齐、赵、燕、魏、韩七个大国。它们谁都想统一中国，还是不断地互相打仗。这一时期发生了许多故事。现在讲的，是两个军事家的故事：一个是齐国人，名叫孙膑；一个是魏国人，名叫庞涓。

孙膑和庞涓原来是同学，在一起学过兵法。后来，庞涓在魏国做了将军，打过好几次胜仗，出了名。可是他觉得自己的本事没有孙膑好，就起了坏心，想害死孙膑。

庞涓请求魏王把孙膑请到魏国来，让孙膑做官。魏王同意了，孙膑就来到了魏国。没多久，庞涓诬告孙膑是齐国的间谍，魏王听了大怒，下令剜掉了孙膑的两个膝盖骨，还在他脸上刺了字。孙膑吃了不少苦头，在其他朋友的帮助下，好不容易才逃回齐国。齐国的大将田忌知道孙膑很会用兵，就把他介绍给齐王。于是，齐王让孙膑做了军师。

过了十几年，庞涓领了十万大军去攻打韩国。韩国国力比较弱，急忙向齐国求救。齐王派了大将田忌和军师孙膑领兵去救韩国。

田忌问孙膑："魏军人强马壮，来势很凶。这一仗，我们该怎么打呢？"孙膑说："魏军主力都在韩国，国内现在很空虚。我们不如去打魏国的都城大梁。庞涓得了消息，一定赶回去救，那时候，韩国的围就解了。庞涓是个自高自大的人，这一回就利用他这个弱点，来打垮魏军。"

田忌问："怎么个打法呢？"

孙膑把计划仔细说了一遍，田忌拍手叫好，就和孙膑带领大军，直奔魏国的都城大梁。

再说庞涓正在攻打韩国的都城，忽然听说齐国出兵去攻打大梁，带兵的是孙膑，不由得大吃一惊，急忙下令立即撤兵回国。等魏军回到国境，齐军进入魏国已经五天了。庞涓又急又气，带领人马紧紧追赶。他恨不得一口把孙膑吞了。谁知道追了一天，连一个齐兵的影子也没见着。傍晚魏军来到齐军宿过营的地方，只见密密麻麻，遍地都是做饭的土灶。庞涓叫人数了一数，足足有十万个。十万个土灶，足够上百万人做饭吃。庞涓心里暗暗吃惊，他没料到齐军有这么多。

魏军又追了一天，还是没追上齐军，可是齐军宿营的地方，土灶减少了一半，只有五万个了，庞涓这才稍稍放心，命令魏军加紧追赶。

追到第三天傍晚，魏军探子向庞涓报告，齐军的土灶只剩三万个了，并且乱七八糟的。庞涓听了哈哈大笑，说："嗨，我说齐国的军队不行嘛！你们看，他们出兵才几天，士兵就逃跑了一大半！这一仗我们准能打胜！士兵们，追呀！"

于是，庞涓把大队人马甩在后边，自己带着一队轻骑兵，拼命地追赶齐兵，想一下子捉住田忌和孙膑。

孙膑算定庞涓的人马第三天黄昏将赶到马陵。马陵这地方两边都是高山，中间夹着一条小路，路边和山上，到处都是树木和野草，形势很险要。孙膑就在两边高山上埋下了伏兵。

庞涓领着轻骑兵一路追来，果然在第三天黄昏时候到达马陵。他发现

第四篇 ◆ 善于思考，敏于行动

前边横七竖八地堆了很多砍倒的树木，把路都堵死了。庞涓哈哈大笑，说："齐兵怕我们追上，才想了这个笨法子。士兵们，下马搬树！"

树搬完了，天也黑了，魏军大队人马也赶到马陵来了。忽然，庞涓望见前面路边上，还留着一棵大树没砍倒，树干上隐隐约约有几个大字。他叫人拿火把一照，只见树上写着："庞涓死此树下"。

庞涓大吃一惊，知道中了孙膑的计，转身就想逃走。就在这时候，两边山上火把通明，齐国伏兵万箭齐发，喊声震天。魏国的人马死的死，伤的伤，乱成一团，十万大军，全部垮了。庞涓眼见要当俘虏，只得抽出宝剑来自杀了。

做人感悟

孙膑精通兵法，善于选择伏击的有利地形，抓住魏军轻敌的弱点，用减灶的计策诱敌深入，终于使劲敌庞涓上钩落网，兵败自到。孙膑智胜庞涓而名扬天下。可见做事不应只靠力气，而应该多靠智慧。

不可缺少判断力

名人小传

铁托（1892—1980）原南斯拉夫社会主义联邦共和国国务和政治活动家、元帅。1920年加入南斯拉夫共产党。1935—1936年在莫斯科共产国际工作。1937年12月担任南共领袖。1941—1945年，南斯拉夫人民解放战争时期，任南斯拉夫人民解放军和游击队最高统帅，指挥了反击德国军队的艰巨战争。1945年3月，任南斯拉夫部长会议主席、国防部长兼武装力量最高统帅。同年8月当选为人民阵线主席，11月任南斯拉夫联邦人民共和国政府首脑。战后的1953—1963年任南斯拉夫联邦人民共和国联邦执行委员会主席。1974年，南共联盟第十次代表大会选举其为党的终身主席。1953年起任南斯拉夫总统。1974年被南斯拉夫社会主义联邦共和国议会选为终身总统。

1943年初，由铁托将军领导的游击队已扩大为解放军，在本国境内非常活跃，频频袭击德军。德国最高当局为解除后顾之忧，决心对南斯拉夫解放军进行一次大规模的扫荡。为了避免与德军正面作战，铁托将军组织了一支突击队，带领4000名伤员转移到门的哥罗地区去。

这支突击队经过千辛万苦，长途跋涉，渐渐靠近了门的哥罗地区。但是汹涌澎湃的涅列特瓦河横在前面，挡住了突击队的去路。在河彼岸有德军重兵把守，河的这一侧，各路追击的德军也在向岸边集结。时间稍误，突击队就有可能遭受两头夹击被消灭的厄运。

涅列特瓦河上有一座大桥，这是通往对岸的唯一通道。按常规的战斗方式，突击队应迅速控制桥梁，组织力量冲过河去，但是铁托却下令："炸桥！"突击队的参谋人员不解地问道："德军为了阻止我们渡河，可能要炸桥，我们应该加以防止。"

铁托斩钉截铁地说："我们自己来炸桥！"

"这样，我们就无法过河去了。"参谋人员尽管存在疑问，铁托的命令还是被不折不扣地执行了，突击队设法炸掉了那座桥梁，并且开始沿着河岸转移，使德军不知他们的去向。

德军虽然不知突击队的去向，但有一点是明确的，即大桥炸毁之后，说明了突击队不准备过河了。所以他们将驻守在河对岸的重兵调到河这边来，与追军一齐来搜索突击队的下落，并准备一举将其歼灭。

铁托率领着突击队迂回曲折，走走停停，竟出人意料地又回到了桥这边。他们组织人力架设轻便吊桥，一夜之间就架成了。铁托命令将辎重丢入河，突击队保护着伤员迅速通过吊桥，来到河对岸。由于河对岸的德军已经撤去，所以他们没有遇到什么阻挡，很快就进入了门的哥罗地区。

德军疲于奔命，当他们得知突击队的去向后，已经无法追上了。

判断力是处理任何重要事件所必需的。除了事实本身的真实状况外，它不受任何影响。你的判断力深植于个性当中，如静水深流。判断力不应受情感波动、建议、批评以及表面现象的干扰。

世间最可怜的是犹豫不决的人。今天，成千上万的人虽然在能力上出类拔萃，却缺乏果断的个性而沦为平庸之辈。要知道，在任何情况下，不能信心百倍地做出自己的决断都是一个悲剧。许多人正是因此而遭致失败，而非缺乏能力。

做人感悟

犹豫不决的人常担心事情的凶吉好坏，今天作出一个抉择，明天会发生更好的可能性，总是不敢做决断，他们因此失去很多好机会、埋没很多好想法。良机稍纵即逝，犹豫不决的人很难抓住机会。

着眼未来投资

100多年来，瓦伦堡家族通过投资、控股建立起北欧地区最具有影响力的工业集团，爱立信、伊莱克斯、滚珠轴承厂、阿特拉斯·科普柯工程公司、阿斯特拉制药集团等世界知名企业都名列其中。这些公司在斯德哥尔摩股市所占份额超过了40%，其对瑞典经济的影响可见一斑。

名人小传

瓦伦堡家族的创始人名叫安德·奥斯卡·瓦伦堡（1816—1886），生于瑞典一个上流社会家庭。1846年，他当上了瑞典第一条蒸汽船的船长，专门在约塔运河从事航运。1856年，在斯德哥尔摩成立了斯德哥尔摩私人银行，是现在瓦伦堡家族的象征——SEB银行的前身，被称作是瑞典第一家现代银行。到20世纪90年代中后期，瓦伦堡家族控股的公司在斯德哥尔摩股市所占份额超过了40%。到1999年2月，该家族仅在上述几家企业拥有的股票市值就达1.382万亿瑞典克朗以上，合1730多亿美元。瓦伦堡财团被称为瑞典"无冕之王"，航海、冒险、丰富的国际阅历则成了瓦伦堡家族接班人的必修课。

1846年，安德·奥斯卡·瓦伦堡慧眼独具，看中造船、航运业对国民经济的重要性，投资蒸汽船，专门从事横贯瑞典南部东西海岸的约塔运河航运，挣了一大笔钱，为瓦伦堡集团奠定了基础。

19世纪50年代，瑞典的金融业只有国家才能经营，但工业化为金融业提供了广阔的空间。安德说服议会成立了斯德哥尔摩私人银行，即现在瓦伦堡家族的旗舰——斯安银行的前身。他吸收了社会上的大量存款，投资到了当时很具发展潜力的行业,如造纸业、机电业等,使家族的事业迅速扩张。20世纪20年代欧美经济大萧条时期,1/3的瑞典公司倒闭了,瓦伦堡家族却没有被眼前的困难所吓倒,而是精挑细选,以极其低廉的成本收购了一些暂时亏损但颇具发展潜力的公司。例如当时有家国有制药企业,收购价钱"很便宜",只要1瑞典克朗,但得背债100万瑞典克朗。经过产业重组之后,这家公司后来成为瑞典著名的跨国制药企业阿斯特拉公司,为瓦伦堡家族赚回了不知多少个100万。

瓦伦堡家族的独到眼光还体现在注重研发、投资高科技领域上。二次大战爆发后,居安思危的瑞典政府大力鼓励发展军工,瓦伦堡家族的军工企业萨伯公司以其高精尖的武器制造技术获得大量政府订单。20世纪60年代,现代通信技术的发展刚露苗头,瓦伦堡家族就收购了爱立信公司,将其发展成为全球最强的通信设备供应商之一。

瓦伦堡先生说,除了遵循专业化、国际化原则外,瓦伦堡家族投资的主要特点是选定核心业务,进行长期投资。哪怕这项投资的效益短期内无法显现,亦不轻言放弃。这种着眼未来的投资方式被瓦伦堡家族一直保持至今。

做人感悟

比尔·盖茨一向强调,一个优秀员工,应该对周遭的事物具有高度的洞察力。因为有洞察力、有远见卓识的员工,能够经常更新技能,以防止技能老化,对公司具有很强的责任心,为完成项目,他们会全力以赴。更重要的是,当一个员工具有敏锐的洞察力时,员工对自己的兴趣、优势和不足有足够的认识,这些认识与他们的职业目标相联系,同时,也与公司的长远目标相联系。

具备组织管理的技能

成功不仅仅是干好本分的工作,它更需要跳跃式的思维。这是眼前利益和长远利益的选择,更是一种甚至可以说是痛苦的割舍,有些人因为舍得割舍,他最终得到了数倍于当初损失的补偿。

名人小传

约翰·施特劳斯(1825-1899)奥地利著名作曲家,所作圆舞曲有400首,世称"圆舞曲之王"。其父老约翰·施特劳斯(1804—1849)也是圆舞曲等作品的名作曲家,著名的《拉杰茨基进行曲》出自他的笔下。小约翰·施特劳斯作有轻歌剧十六部、芭蕾舞剧一部、圆舞曲、波尔卡、加洛普等舞曲。最成功的歌剧是《蝙蝠》和《吉普赛男爵》。圆舞曲中有许多内容丰富、优美如画,堪称维也纳交响诗的佳作。

1872年,施特劳斯为了丰富创作素材,四处旅行。一天,他来到了美国,当地朽关同体立即登门拜访,想请他在波士顿登台指挥音乐会。施特劳斯当即应诺。可在谈到演出计划时,他的随从却被这个不可思议的演出规模惊呆了。

美国人向是以异想天开而著称于世的,他们想借施特劳斯这位音乐大师之手,创造一次音乐界的世界之最,由施特劳斯指挥一次有两万人(包括声乐演员)参加演出的音乐会。稍懂一点音乐指挥知识的人都知道,一般能指挥几百人的乐队的指挥家已属不容易了,何况要指挥两万人?这是绝对办不到的。为此,施特劳斯的随从很为他担心,不管他指挥艺术再高超,如此大的规模也是无法胜任的。

施特劳斯仔细地听完对方的介绍,居然很轻松地说:"这个计划确实太激动人心了,本人愿意早日让他变成现实。"当即与对方订立了演出合同。消息传开,舆论大哗,人们都想一睹规模如此宏大的演出。

那一天终于到来了,只见大厦里黑压压一片坐满了观众。施特劳斯居然指挥得十分出色。近两万件乐器发出了协调、优美、动听的音乐,数万名观众听得神迷如痴,惊叹万分。

人们也许会问,施特劳斯难道有超人的本领不成?原来,由施特劳斯任总指挥,下设一百名助理指挥,开场用鸣炮作信号。施特劳斯指挥棒一挥,眼望着总指挥的一百名助理指挥紧跟着也相应指挥起来,两万件乐器霎时齐鸣,合唱队和声响起,数万名观众掌声雷动,真是世界上少有的壮观。

做人感悟

组织管理在人类社会发展中的地位越来越高，在人类的高层次发展要求中，在物质与精神生活中，在开拓事业领域和选择上，在更高层次的人类价值实现上，组织管理扮演着一个越来越重要的角色。成大事者，都具有组织管理的出色技能。不仅要放手让手下的各类人才去工作，物尽其用，各尽其职，而且能够采取行之有效的控制手段，对他们的行为方向、行为方式和行为效果实行有效的"遥控"，必要时还可以随时将他们"收回来"。

让自己成长为一个具备出色组织管理能力的人才吧，这样才能让计划迅速展开，各种事情有条不紊地进行，才能让你的人生之路充满成功的风景。

学会当机立断

华裔电脑名人王安博士声称，影响他一生的最大教训发生在他六岁时。

有一天，王安外出玩耍。路经一棵大树的时候，突然有东西掉在他的头上。伸手一抓，原来是个鸟巢，从里面滚出了一只嗷嗷待哺的小麻雀。王安决定把它带回去喂养，走到门口，他忽然想起妈妈不允许他在家养小动物。

他只好轻轻地把小麻雀放在门后，急步走进屋内，请求妈妈的允许。妈妈破例答应了儿子的请求。王安兴奋地跑到门后，不料，小麻雀已经不见了，一只黑猫正在意犹未尽地擦拭着嘴巴。王安为此伤心了好久。从此，王安得了一个教训：只要是自己认为对的事情，不可优柔寡断，必须马上付诸行动。

做人感悟

不能立马做出决定的人，固然没有做错事的机会，但也失去了成功的机遇。

只要行动，一切就有可能

美国南北战争结束后，一位叫马维尔的法国记者采访林肯时，有这么一段对话。

记者说，据我所知，上两届总统都曾想过废除黑奴制度，《解放黑奴宣言》也早已草就，可是他们都没拿起笔签署它。他们是不是想把这一伟业留下来，给您去成就英名？

林肯答道，可能有这个意思吧。不过，如果他们知道拿起笔需要的仅是一点勇气，我想他们一定非常懊丧。

林肯去世50年后，马维尔在林肯致朋友的一封信中证实了他的勇气。在这封信里林肯谈到幼年时的一段经历。

"我父亲在西雅图有一处农场，上面有许多石头。正因如此，父亲才得以以较低的价格买下它。有一天，母亲建议把上面的石头搬走，父亲说，如果可以搬走的话，主人就不会卖给我们了，它们是座小山头，都与大山连着。有一年，父亲去城里买马，母亲带我们到农场里劳动。母亲说，我们把这些碍事的东西搬走好吗？于是我们开始挖那一块块石头，不长时间，就把它们给弄走了，因为它们并不是父亲想象的山头，而是一块块孤零零的石块，只要往下挖一英尺，就可以把它们晃动。"

林肯在信的末尾说：有些事情一些人之所以不去做，只是因为他们认为不可能，其实，有许多不可能，只存在于人的想象之中。

那时候，马维尔已是76岁的老人，他正式下决心学汉语。后来，他来中国采访，以流利的汉语与孙中山对过话。

做人感悟

有许多不可能，只存在于人的想象之中。只要你行动，就会变成可能。

正确地进行思考

爱因斯坦的成功，首先应归功于他的正确的思考和创造力。

有一次大发明家爱迪生满腹怨气地对爱因斯坦说："每天上我这儿来的年轻人真不少，可没有一个我看得上的。"

"您断定应征者合格或不合格的标准是什么？"爱因斯坦问道。

爱迪生一面把一张写满各种问题的纸条递给爱因斯坦，一面说："谁能回答出这些问题，他才有资格当我的助手。"

"从纽约到芝加哥有多少英里？"爱因斯坦读了一个问题，并且回答说，"这需要查一下铁路指南。""不锈钢是用什么做成的？"爱因斯坦读完第二个问题又回答说："这得翻一翻金相学手册。"

"您说什么，博士？"爱迪生打断了爱因斯坦的话问道。

"看来我不用等您拒绝，"爱因斯坦幽默地说，"就自我宣布落选啦！"

爱因斯坦从自己的切身体验出发，强调不能死记住一大堆东西，而是要能灵活地进行思考。

爱因斯坦认为，正确地进行思考，是追求机会至关重要的条件。

小时候的爱因斯坦一点也看不出来有什么天分，到3岁的时候还不会讲话。6岁上学，在学校里成绩非常差，一上课就是被批评的对象，老师还说他永远也不会有什么大的出息。大家一致认为他是一个天生的笨蛋。

但是，爱因斯坦在12岁的时候，就已经决定献身于解决"那广袤无际的宇宙"之谜。15岁那一年，由于历史、地理和语言等都没有考及格，也因为他的无礼态度破坏了秩序和纪律，他被学校开除。

爱因斯坦非常重视思考和想象。他说："想象力比知识更重要。因为知识是有限的，而想象力包含世界上的一切，推动着进步，并且是知识进化的源泉。"在16岁时，他喜欢做白日梦，幻想着自己正骑在一束光上，做着太空旅行，然后思考：如果这时在出发地有一座钟，从我坐的位置看，它的时间会怎样流逝呢？

从此，他开始了他的科学远征。他设计了大量理想实验，提出了"光量子"等模型，为相对论和量子论的建立奠定了基础。

做人感悟

灵活地进行思考对一个人的成功是非常必要的。抱持"提出一个问题往往比解决一个问题更重要"的思想，才能不断地提出更多的问题，并在解决这些问题的同时逐渐登上一个个人生的高峰。

你用什么时间思考呢

有一天晚上，卢瑟福走进实验室，当时时间已经很晚了，见一个学生仍俯在工作台上，便问道："这么晚了，你还在干什么呢？"

学生回答说："我在工作。"

"那你白天干什么呢？"

"我也工作。"

"那么你早上也在工作吗？"

"是的，教授，早上我也工作。"

于是，卢瑟福提出了一个问题："那么这样一来，你用什么时间思考呢？"

后来，这个学生通过仔细观察发现，每天傍晚，不管实验工作进行得顺利还是不顺利，卢瑟福总是在走廊里散步，那种神情表明他正在思考。

他经常对学生说："不要死记硬背，也不要满足于实验，而要学会思考。只有勤于和善于思考的人，才能获得知识，取得成就。"

做人感悟

拉开历史的帷幕你就会发现，凡是世界上有重大成就的人的人，在其攀登科学高峰的征途中，都是给思考留有一定时间的，你也赶快这样做吧！

拿破仑的战术

1798年5月，拿破仑出征埃及。他担心在地中海会遭到英国舰队的截击，便使用各种手段到处散布假情报，说法国地中海舰队将进入大西洋，在爱尔兰登陆。因为两年前确实有一支法国军队企图开赴爱尔兰，曾使英国受到一次虚惊。

英国海军指挥官纳尔逊害怕拿破仑这一次是真的进攻英国本土，便把舰队调集在直布罗陀海陕，准备截击从这里通过的法军。拿破仑看到英国已上了假情报的当，便乘机从土伦军港出发，开赴埃及，并顺利地在埃及登陆。拿破仑"声东击西"的计谋得逞。

1805年，在法军与俄奥联军之间进行的奥斯特利茨战役中，当法军经过一系列的谋划形成决战态势之后，拿破仑一面在与俄奥联军指挥官进行谈判时，故意将法军已制订的作战计划全部暴露给对方，一面派出人员在阵地上大声宣读进攻联军的命令。

在两军对阵的战场上，谁能相信那高声宣读的命令是真的呢？拿破仑这种大胆地泄漏"大机"的办法，却有效地掩盖了"大机"，使联军错误地判断了法军的进攻部署和企图。

俄奥联军指挥官当时认为，拿破仑是在搞声东击西，把他们当成小孩子，让他们上当，要不，怎么能把作战计划全盘端出，让对方知道呢？于是，命令联军从已占据的高地撤出，以防中拿破仑的计。然而结果恰恰相反，拿破仑有意暴露作战意图，是要使对方形成他"声东击西"的错觉，视真为假，以达到欺骗对方的目的。拿破仑按照暴露给对方的作战计划，使俄奥联军遭到了伏击。

做人感悟

在战争中，为了取得胜利，最重要的是要知己知彼。依靠"声东击西"和"声东击东"迷惑了对方，你胜算的把握就大了。

找到别人的秘密

1905年的一天，美国伊利湖畔繁忙的公路上，发生了一起严重的车祸：两辆汽车头尾相撞，后面又撞上了一连串的汽车，转眼间，公路上一片狼藉，碎玻璃、碎金属片满地皆是。

事故发生以后，除了警察赶到现场以外，还来了一个汽车厂的老板，他就是后来闻名于世的汽车大王亨得·福特。

福特为什么也急匆匆地赶来呢？

福特仔细地搜索着，想在每一辆撞坏的汽车上找到一点别人的秘密。

福特仔细地搜索着每一辆撞坏的汽车。突然，他被地上一块亮晶晶的碎片吸引住了，这是从一辆法国轿车阀轴上掉下来的碎片。粗看这块碎片并没有什么特殊之处，然而，它的光亮和硬度使福特感到，其中必定隐藏着巨大的秘密。

于是，福特把碎片拣了起来，悄悄地放进了口袋，准备带回去好好研究研究。

回到公司以后，福特将这块碎片送到了中心试验室，吩咐他们分析一下，看看这块碎片内究竟含有什么东西？

分析报告很快出来了，这块碎片中含有少量的金属钒：它的弹性优良，韧性很强，坚硬结实，具有很好的抗冲击和抗弯曲能力，而且不易磨损和断裂。

同时，公司情报部门送来了另一份报告，结论认为，法国人似乎是偶然使用了这块含钒的钢材，因为同类型的法国轿车上并不都使用这种钢材。

这一下，福特高兴极了。他下令立刻试制钒钢，结果确实令人满意。接着，他又忙着寻找储量丰富的钒矿，解决冶炼钒钢的技术难题，他希望早日将钒钢用在自己公司制造的汽车上，迅速占领美国乃至世界市场。

福特终于成功了。他的公司用钒钢制作汽车发动机、阀门、弹簧、传动轴、齿轮等零部件，汽车的质量取得了大幅度的提高。

几十年以后，福特汽车公司成了世界上最大的汽车生产厂商之一，福特曾高兴地说："假如没有钒钢，或许就没有汽车的今天。"

做人感悟

对于一件意外发生在别人身上的事情，不要总是抱持旁观的态度，你不妨想一想：我能从这一事件中得到什么启示，获得什么经验？

思路要开阔些

三洋在当初开发新型塑料收音机时,遇到的最大难题曾是如何解决收音机的外壳的问题。当时的外壳都是用木头做成的,但木制外壳工序多,有很多要手工来操作,所以成本很高,采用木制外壳的计划落空。不降低外壳的成本,要做到每台收音机售价1万日元几乎不可能的。三洋只好就近寻找替代材料,恰巧当时,塑料作为一种崭新的材料,开始在许多部门推广应用,三洋决定采用塑料外壳,因为塑料将随着石化工业的发展而日趋廉价,并且经过加热处理能一次定型,适合批量生产。

但当时塑料抗热性差,使用时间一长,电子管和变压器产生的热量都聚集在外壳上,很容易引起外壳变形,只能着手开发耐热性强的塑料。而且当时做塑料制品的成形机最大的才16盎司,而制收音机外壳要32盎司的成形机,只有从美国进口机器。

"买一辆克莱斯勒轿车吧。"井植薰突然向当时的领导岁男建议。"干吗?你想坐?"岁男对这个无关公司眼前问题的要求很惊讶。

"不是,我想要用它在方向盘上的孔罩。"

"做什么用?"

"我想参考它来设计收音机的孔罩,如果是自己闭门造车,肯定要花很多时间,有它参考就大为不同了。"

岁男爽快地买下了一辆,井植薰即对其孔罩进行探索研究,经过很多个日日夜夜的奋战,终获成功。1952年3月,三洋期待已久的新型塑料收音机终于问世了。

做人感悟

汽车方向盘和收音机的外壳看似"风马牛不相及",但偏偏就有人参考汽车方向盘来设计收音机的外壳,而且一举获得了成功,看来对于思路开阔者来说,没有什么是不可能的。

掌握住机会来临的那一天

一位在超级市场担任农产品经理的年轻人有一次问美国著名的推销大师乔·吉拉德:"乔,你是怎么知道你正跟机会打照面的?你怎么能够这么肯定?"这个问题问得好。吉拉德告诉他:"这很不简单。最好的答案,同时我相信也是个很好的建议,就是相信你的直觉,并且跟着你的感觉走。在我攀登顶峰的路途上,我的内心曾经不止一次有种非常强烈的感觉告诉我该那么做,于是我便那么做了。这可能反而导致你踏出错误的一步吗?当然可能。果真如此,那么就回到起点,再重新出发。然而,大多数时候你的感觉都是对的。"

而一个企业家之所以能够成功,就是因为他能掌握住机会来临的那一天,只要一有机会就紧抓住不放。多年以前,曾有个撰写广告语的人,觉得能够为一家广告代理商从事这样一份工作是相当安定的。他在工作上表现得很出色,而他也知道这一点,同时他在同事间很受敬重。然而有一天,当他有个机会跟另一个从事文字广告的人,合伙开设一间属于他们自己的广告代理公司时,他该不该冒这个风险?他应该下海,还是待在原有的工作上?最后他决定冒险一试。

刚开始的时候,事情并不顺利,而这两个人有好一阵子一直在逆境中挣扎,但这名年轻人却从不后悔他的举动。如今,这家广告代理商已是生意兴隆了。

曼迪诺也是放弃原有高薪、安定的工作,转而去实现他长久以来的梦想。他成立了一家专门教授中小企业经营管理课程的学校,学校的课程都是由他设计的,同时规划学校所有的设施,结果眼见他的努力在许多大学的校园里开花、结果。

此外,还有一位专门编写销售与提供服务方面训练的专业作家,多年来一直在别人的旗下工作。有一天,他认为为自己而写的时机到了,于是他成立自己的传播公司,直接对工商企业提供服务。过去别的传播公司将他们的标志打在他所写的东西上之后卖出,现在他可以打上他自己的标志了。他这么做,当然会有一段咬紧牙关的日子,但他的决定终究有了回报,而且这项回报仍在持续之中。他就是牢牢抓住了那重要的一天。

做人感悟

许多人在他们攀登顶峰的路途上往往错过很重要的一步，因为他们没有把握住难得的机会——虽然机会就在他眼前。俗语说得好，机会是不会敲第二次门的。

不要让机遇悄悄溜走

美国作家霍桑讲过这样一个故事：

大卫·斯旺沿着大道，朝波士顿走去。他的叔父在波士顿，是个商人，要给他在自己店里找个工作。夏日里起早摸黑地赶路，实在太疲乏了，大卫打算一见阴凉的地方就坐下来歇歇。不多会儿，他来到一口覆盖着浓荫的泉眼旁边。这儿幽静、凉快。他蹲下身子，饮了几口泉水。然后，把衣服裤子折起当枕头，躺在松软的草地上，很快就酣然入睡了。

就在他呼呼大睡的当儿，大道上来了一辆由两匹骏马拉着的华丽马车，蓦地，由于马蹩痛了脚，车子"嘎"地停在泉眼边。车里走出一位年长绅士和他的妻子。他们一眼就瞧见大卫睡在那儿。

"他睡得多沉，呼吸那么顺畅，要是我也能那样睡会儿，该多幸福！"绅士说。

他的妻子也叹道："像咱们这样的老人，再也睡不上那样的好觉了！看那孩子多像咱们心爱的儿子呀，能叫醒他吗？"

"哦，咱们还不知道他的品行呢。""看他脸孔，多天真无邪哟！"

大卫不知道，幸运之神正近在咫尺呢！年长绅士家里很富有。他唯一的儿子新近不幸死了。在这样的情况下，人们往往会做出奇怪的事来。比如说，认一个陌生小伙子为儿子，并让他继承自己的家产。可是，大卫却始终没醒来，睡得正甜。

"咱们叫醒他吧！"绅士妻子又说了一句。正在这时，马车夫嚷起来："咱走吧！马好了。"老夫妻俩依恋地对视一下，便快步走向马车。

过了不到5分钟，一个美丽的姑娘踏着欢快的步子，朝泉眼走来了。她停下来喝水，也瞧见了大卫。就像未经允许进入别人卧室，姑娘慌忙想离开。突然，她看见一只大马蜂正嗡嗡地在大卫头上飞来飞去，就不由得掏出手帕挥舞着，把马蜂赶走。

看着大卫，姑娘心头一颤，脱口而出："他长得多俊啊！"可是大卫却丝毫未动，她只好怏怏地走了。要是大卫能醒来，也许能和她认识，甚至结亲。大卫永远也不会知道在他睡眠时发生的一切幸运。可是，仔细想想，世上谁人不如此呢？

做人感悟

为什么有些人会常常抓不住机遇，而在事业上停滞不前以致一事无成呢？原因主要有以下两点：一是许多人对把握机遇的重要性认识不足；二是缺乏对机遇的敏感性，不善于认识机遇。一个人要抓住机遇，首先要认识到机遇对于事业、人生的重要性，要研究机遇的特点和出现的方式，积极地追求机遇，争取机遇，决不应在机遇到来时行动迟缓，疏于决断，造成一时甚至一生的缺憾。

机不可失，时不再来

三国时，袁尚、袁熙兄弟在其父袁绍被曹操在官渡打败后，逃往辽东，这时他们还有几千人马。最初，辽东太守公孙康依仗他的地盘远离京城而不服朝廷管辖，有人劝曹操征讨辽东，同时擒拿袁氏兄弟。曹操说："我正要使公孙康斩二袁的头送来，不需要用兵。"过了些日子，公孙康果然斩了袁尚、袁熙，将首级送了来。众将问曹操这是什么原因，曹操说："公孙康素来害怕袁尚、袁熙兄弟，我如果急于征讨他，他就会同袁尚等联合起来抵抗我们，缓一段时间，他们会自相矛盾，这种矛盾会使公孙康杀了二袁。"

曹操东征刘备时，人们议论纷纷，担心出师后，袁绍从后方袭来，使得曹军进不能战，退又失去了依据的地盘。曹操说："袁绍的习性迟钝而又多疑，不会迅速来袭击我们。刘备是新起来的，人心还未完全归附他，我们抓紧快攻打他,他必败。这是生死存亡的关键时刻,不可丢失时机。"于是,决心出师东征刘备。

田丰果然劝袁绍说:"虎正在捕鹿,熊进入了虎窝而扑虎子:老虎进不得鹿,退得不到虎子。现在曹操征伐刘备,国内空了。将军有长戟百万,骑兵千群,率军直指许昌,捣毁曹操的老窝,百万雄师,自天而降,好像举烈火去烧茅草,又如倾沧海之水浇漂浮的炭火,能消灭不了他吗?兵机的变化在须臾之间,战鼓一响,胜利在望,曹操听到我们攻下许昌,必然会丢掉刘备而返回许昌。"

"我们占据了城内,刘备在外面攻打,反贼曹操的脑袋,一定会悬挂在将军的战旗竿上。如果失去了这个机会,曹操归国之后,休养生息,积存粮食,招揽人才,就会是另种情况。现在大汉国运衰败,纲纪松弛,曹操以他凶狠的本性,用他飞扬跋扈的势力,放纵他虎狼的欲望,酿成篡逆的阴谋,那时,即使有百万大兵攻打他,也不会成功。"袁绍听后,以儿子有病,推辞此事,不肯发兵。田丰用拐杖敲着地叹道:"遇到这样好的机会,却因为婴儿的缘故而失去了,可惜呀可惜!"

做人感悟

<u>由此可见,曹操的预见力和判断力远胜于袁绍,这是二人在战争中成败得失不同的根本原因。机不可失,时不再来,不管过去、现在还是将来,这一原则都永远不会改变。</u>

幸运和机会不会垂青于等待者

有一位名叫西尔维亚的美国女孩,她的父亲是波士顿有名的整形外科医生,母亲在一家声誉很高的大学担任教授。她的家庭对她有很大的帮助和支持,她完全有机会实现自己的理想。她从念中学的时候起,就一直梦寐以求地想当电视节目的主持人。她觉得自己具备这方面的才干,因为每当她和别人相处时,即使是生人也都愿意亲近她并和她长谈。她知道怎样从人家嘴里"掏出心里话"。她的朋友们称她是他们的"亲密的随身精神医生"。她自己常说："只要有人愿给我一次电视机会，我相信一定能成功。"

但是，她为达到这个理想而做了些什么呢？其实什么也没有！她在等待奇迹出现，希望一下子就当上电视节目的主持人。

西尔维亚不切实际地期待着，结果什么奇迹也没有出现。

谁也不会请一个毫无经验的人去担任电视节目主持人。而且节目的主管也没有兴趣跑到外面去搜寻天才，都是别人去找他们。

另一个名叫辛迪的女孩却实现了西尔维亚的理想，成了著名的电视节目主持人。辛迪之所以会成功，就是因为她知道："天下没有免费的午餐"，一切成功都要靠自己的努力去争取。她不像西尔维亚那样有可靠的经济来源，所以没有白白地等待机会出现。她白天去做工，晚上在大学的舞台艺术系上夜校。毕业之后，她开始谋职，跑遍了洛杉矶每一个广播电台和电视台。但是，每个地方的经理对她的答复都差不多："不是已经有几年经验的人，我们不会雇用的。"

但是，她不愿意退缩，也没有等待机会，而是走出去寻找机会。她一连几个月仔细阅读广播电视方面的杂志，最后终于看到一则招聘广告：北达科他州有一家很小的电视台招聘一名预报天气的女孩子。

辛迪是加州人，不喜欢北方。但是，有没有阳光，是不是下雨都没有关系，她希望找到一份和电视有关的职业，干什么都行！她抓住这个工作机会，动身到北达科他州。

辛迪在那里工作了两年，最后在洛杉矶的电视台找到了一个工作。又过了5年，她终于得到提升，成为她梦想已久的节目主持人。

为什么西尔维亚失败了，而辛迪却如愿以偿呢？

西尔维亚那种失败者的思路和辛迪的成功者的观点正好背道而驰。分歧点就是：西尔维亚在10年当中，一直停留在幻想上，坐等机会，期望时来运转，然而，时光却流逝了。而辛迪则是主动采取行动。首先，她充实了自己；然后，在北达科他州受到了训练；接着，在洛杉矶积累了比较多的经验；最后，终于实现了理想。

做人感悟

失败者谈起别人获得的成功，总会忿忿不平地说："人家如何如何凭运气。""赶上了好机会、好地方。"他们不采取行动,总是等待着"有一天"他们会走运。他们把成功看作是降临在"幸运儿"头上的偶然事情。成功者耽误不起这些时间。他们忙于解决问题,忙于勤奋工作,忙于把事情做好,忙于如何生气勃勃和乐观地对待一切。他们知道,只有这样,才能得到幸运和机会的垂青。

不放过偶然的机遇

克里斯蒂安娜·阿曼波尔是世界上著名的女记者。她是怎样开始自己的事业的?

"说起来就像一次盲目的约会演变成了真正的恋爱,"她说,"我姐姐报名参加了一个新闻培训班,才两个月她就再也不想接触新闻了。我独自一人前去,试图讨回学费,但校方不肯,于是我就来上这个课,我真的这么做了,并从此决定了我的人生道路。"

做人感悟

不放过偶然的机遇,只要这机遇适合自己,不管来得多么意外,都要牢牢地抓住它。

在机遇来临之前,务必做好准备

阿基米德,古希腊科学家,由于发现了杠杆原理和阿基米德原理,被尊称为"力学之父"。同时由于他在数学上的卓越成就,使得后人把他和牛顿、高斯并列称为"三个对人类贡献最大的数学家"。

这位杰出的科学家,和水好像有着莫名的缘分,他的很多重要科学原理的发现,都是和水有着不可剪断的关联,他留给后人印象最深的也莫过于来自水的真理——"真理是赤裸裸的"。

阿基米德出生在贵族家庭,父亲是天文学家和数学家,家庭的影响使得阿基米德从小就深受科学熏陶。十一岁的阿基米德前往当时的"智慧之都"——亚历山大去学习，毕业后阿基米德回到自己的家乡。一天，生性多疑的国王要阿基米德对自己的王冠进行检验，看黄金有没有被偷梁换柱。这个问题把阿基米德难倒了，他用"称"的方法，但是却发现重量相等并不能代表就没有问题，所以他几天来一直寝食难安。这天，他的仆人把水放好，伺候阿基米德洗澡。

当阿基米德走进澡盆的时候，他忽然发现澡盆的水因为自己身体下沉而溢出去了。那一刻，他好像从水中得到了灵感，明白了一些一直困扰他的东西。于是大叫仆人把瓦罐拿来。他把瓦罐里装满了水，然后把金冠放进水中，瓦罐里的水溢出到事前准备好的器皿中；然后又将等量的黄金用相同的方法装好，溢出水。把两次溢出的水进行对比，发现黄金溢出水少，而王冠溢出的水多。于是阿基米德就判断是因为工匠把银替代金掺入王冠中才使得王冠体积变大，从而溢出的水多于同等重量的黄金。这就是著名的浮体定理。这条定理是从水中得到的灵感。

阿基米德年轻时不断从水中得到灵感，年老也不例外。有一次阿基米德去公共澡堂洗澡的时候，他忽然想明白了一个他一直解决不了的问题。于是立即从水中站了起来，冲出澡堂，赤裸身体地向外奔跑。他一边跑，一边不断兴奋地呼喊："我知道了，我知道了。"整条大街上的人都很奇怪地看着这个老头，但是阿基米德似乎没有察觉，仍然沉浸在自己找出答案的兴奋中。虽然希腊人在背后叫阿基米德怪老头，但是当时的人们仍然认为阿基米德是希腊最有智慧的人之一。

千百年过去了，阿基米德和他"赤裸裸的真理"成为了科学领域著名的笑话之一，但是人们在微笑的同时，仍然对这位沉浸于科学的狂人极其尊敬，并把他作为科学精神的代表。

做人感悟

有些人说，上帝似乎极其眷顾阿基米德，一次又一次把震惊世界的发现通过水放到他的面前。但是，机遇并不是你想要得到就能够得到的，在机遇到来之前，我们应该做好充足的准备，扩充自己的知识，否则就算机遇来临，我们也无法抓住，只能眼睁睁地看着机遇悄悄溜走。

第五篇

交际有方

人缘是我们走向成功的资本

好人缘是人生的一笔无形财富。有了好人缘，你便会处处办事顺利，在哪儿都有人捧场，所以，你事业的成功，便比别人顺利的多，因为人缘为你铺了路，助了力。所以，凡是聪明的人，都很重视人缘在事业中所引的作用。

凡特立伯任纽约市银行总裁时，他在雇用任何一位高级职员时，第一步探听的便是这人是否有为人称道的人缘。

吉福特本是一个小小的店员，后来任美国电话电报公司的总经理，他常常对人说："我认为人缘是成功的主要因素，人缘在一切事业里均极其重要。"

好人缘是一张最有效的通行证，它可以使你到处受到欢迎，它可以使你办什么事都心想事成，所以，对于好人缘这笔人生重要的无形资产，我们应当好好保护并使其增值。

莫洛是美国摩根银行股东兼总经理，当年的年薪高达100万美元。忽然有一天，他放弃了这个人人钦羡的职务，而改任墨西哥大使，并因此震惊了全美国。

这位莫洛先生，最初不过是一个法院的书记，后来缘何有如此惊人的成就呢？

莫洛一生中最大的转折点，就是他被摩根银行的董事们相中，一跃而成为全国商业巨子，登上摩根银行总经理的宝座。据说摩根银行的董事们选择莫洛担当此重任，不是因为他在企业界享有盛名，而是因为他具有极佳的人缘。

现实生活中，谁都想有一个好人缘，有一个好人缘，到哪儿都受欢迎；有一个好人缘，办事就会省去许多麻烦；有一个好人缘，生活就充满了七彩阳光……

因此，我们要让事业顺畅，生活工作得心应手，就要为建立一个好人缘而付出努力。

做人感悟

一、了解自己

一般人都爱犯一个毛病，就是自以为最了解自己。事实上，我们对自己的认识极其有限，几乎无法具体地描述自己的个性、能力、长处和短处。当你以为"这就是真正的自己"时，通常只看到"有意识的自我"和"行动的自我"，而这些都只是自我的一部分而已。

我们很难掌握自己，唯一的办法只有拿自己与周围的人比较，或者从与人的交往中逐渐看清楚别人眼中的自己，有时候必须在多次受到长辈的斥责和朋友的规劝之后，才能恍然大悟，真正达到有自知之明。"以人为镜，可以明得失。"除非有别人作为镜子，否则你很难知道自己是什么样子。

二、了解社会

我们习惯于从日常生活中了解这个社会，别人的生活经验、书报杂志和传播媒介也可以帮助我们了解社会。可是从生活体验中获得的社会知识毕竟太狭窄了，就如"井蛙窥天"一样，使我们难以做出准确的判断。报纸和其他传播媒体所提供的也只不过是一张"地图"，光靠这张地图，当然掌握不到活生生的现实。像这样经由较狭隘的个人经验塑造出来的世界观，随着人脉资源的扩大，有可能慢慢得到修正。

人们都记得从学校刚毕业时，常常听到父母师长这样训勉："外面的世界很复杂的。"的确，外面的世界和我们理想中的世界是太不一样的。简单地说，只有与人交往才有可能掌握真正的现实社会。

三、了解人生

我们的一生中无时不在受他人的影响，这些人可能是父母亲友，也可能是自己的上司和同事。从他们身上，我们不仅可以更全面地认识自己，更能了解整个社会，同时也因为他们的生活态度而认识人生是什么。

把别人的否定当作推荐信

葛理莱是《纽约时报》的著名主笔，他有一个不好的习惯，就是字写得非常潦草，让人无法辨认。他自己写的稿子，只要经过一段时间，甚至连他自己都认不出来了。

有一天，他写了一篇社论，字迹特别潦草，排字工人简直无法辨认。但那稿纸恰恰是在报纸快开印的时候才送来，实在没有时间再细心地校对，不得已只好凭猜测排印出来。结果第二天报纸一出，真是笑话百出，葛理莱的名誉也因此大受影响。

葛理莱看后大发雷霆，马上下令那位排字工人辞职，并写了一张字条痛骂那位工人："蠢东西！笨家伙！傻蛋！王八羔子……"但那张条子写得太潦草了，以至于那位工人看不出是骂自己的。他把条子收在身边，两天后，为了谋生又到另一家报馆去找工作。结果，意想不到的事情发生了。

那家报馆的老板便问他："你有什么人的推荐信吗？"那工人想了半天，别无其他，只有葛理莱那——在身边，于是慢条斯理地说："自然有，我这里有葛理莱的介绍信。"说着便将那字条交给了问话的老板。老板把条子接了过来，看了又看，也认不出上面写的是什么，唯有鼎鼎大名的葛理莱的签字是认识的。他无可奈何地瞪了那求职的工人一眼，耸耸肩头说："既然是葛理莱介绍的，你明天早上来上班好了。"

做人感悟

如果把别人对自己的否定和批评都能够当作推荐信，那么，在这个世界上，还有什么不能战胜的困难，还有什么不能克服的挫折呢？

好话也要说前边

台湾作家刘墉讲过自己经历的一个故事。有一次他叫印刷工人送来印好的新书。书很多，堆了一摞又一摞。因为堆得不整齐，他特别请工人们别堆得太高，以免倒下来伤人。几千本书，总算堆完了。他看工人们忙得大汗淋漓，于是除了运费还给了他们不少小费。看到小费，工人们很不好意思地说："早知道您要给小费，我们应该给您特别堆整齐一点。"说着再跑到书堆前想重新整理一下，但是几千本书已经都摞好了，再推也没有用。从这件事情上，刘墉先生自称得到了一个不小的教训：在国内没有给小费的习惯，所以如果你希望服务更好一点而给小费，最好当着面事前先说清楚。有处罚的原则，也应该事先说好。

做人感悟

　　这就是心理学上常说的激励效应。人的内心中常常存在着需求激励的欲望，而这种欲望则要通过本人对自己的鼓励或者外界的激励来完成。缺乏激励就会导致人没有足够的热情。我们这里谈到的现象就和人对外部激励的需求有关。激励可以是积极的也可以是消极的，积极的激励可以看作是把事情完成后的小费，而消极的激励则可认为是如果事情办不好、完不成的惩罚。

　　许多人都有过搬家的经历。搬家公司的工人把大件家具和电器给你搬到新居后，往往搬进门就算完事，而懒得给你摆放到指定位置。也许从他们的标准来说，门对门嘛，我给你搬进门就算完事。但对我们而言，挪动这些大件却是一件很吃力的事，往往想请他们顺手给摆放一下。但第一次搬家时，工人以各种理由推脱了，我们只好自己动手干，本来想多给他们些钱的想法自然也就算了。以后几次搬家时，我就学乖了，把好话也说到前边，于是双方皆大欢喜。

　　所以说，不只是丑话说前边，好话也应说在前边。

做人一定要有涵养

　　大智慧是一种大涵养，有涵养的人才善于学习，我们从多话的人那里学到了静默，从褊狭的人那里学到了宽容，从残忍的人那里学到了仁爱。

　　一次，前民主德国柏林空军俱乐部举行盛宴招待空战英雄，一位年轻的士兵斟酒时不慎将酒泼到乌戴特将军的秃头上。顿时，士兵悚然，会场寂静，倒是这位将军轻抚士兵的肩头，说："老弟，你以为这种治疗能再生头发吗？"全场立即爆发出了笑声，人们紧绷的心弦松弛下来了，盛宴保持了热烈欢乐的气氛。

做人感悟

　　另一则异曲同工的故事，讲的是英国王室为了招待印度当地居民的首领，在伦敦举行晚宴，身为"皇太子"的温莎公爵主持这次宴会，宴

会快要结束时，侍者为每一位客人端来了洗手盘，印度客人们看到那精巧的银制器皿以为是喝的水呢，就端起来一饮而尽。作陪的英国贵族目瞪口呆。温莎公爵神色自若，一边与众人谈笑风生，一边也端起自己面前的洗手水，像客人那样"自然而得体"地一饮而尽。接着，大家也纷纷效仿，本来要造成的难堪与尴尬顷刻化解，宴会取得了预期的成功。

学会"冷处理"

遭遇无赖或小丑有一种办法：冷处理。需要以牙还牙的，另当别论。

美国拳王乔·路易在拳坛上所向无敌。有一次，他和朋友一起开车出游，途中，因前方出现意外情况，他不得不紧急刹车，不料后面的车因尾随太近，两辆车有了一点轻微碰撞。后面的司机怒气冲冲地跳下车来，嫌他刹车太急，继而又大骂乔·路易驾驶技术有问题，并在乔·路易面前挥动着双拳，大有想把对方一拳打个稀烂之势。乔·路易自始至终除了道歉的话再无一语，直到那司机骂得没兴趣了才扬长而去。

乔·路易的朋友事后不解地问他："那人如此无理取闹，你为什么不狠狠揍他一顿？"乔·路易听后认真地说："如果有人侮辱了帕瓦罗蒂，帕瓦罗蒂是否应为对方高歌一曲呢？"

做人感悟

中国古代有位高僧与乔·路易的处理方法有异曲同工之妙：高僧化缘的路上遭遇一位无赖，无赖一路上说尽了脏话、坏话，甚至骂他，高僧开始一言不发。一段路程后，高僧问无赖："如果有人给你送礼，你不接受，礼物在哪里？"无赖答："还在送礼人那里。""那就对了，你刚才的礼物，我拒绝接受。"无赖只好悻悻离去。

聪明地办事

我国古代医学家华佗，精通医术。男女老少各科病症，到了他手里，或用草药，或用针灸，或用钢刀，或用按摩，都能治好，人们因此称他是神医。更奇特的是，华佗不用任何药物，也不动手，竟也能将疑难的病症治好。

当时有一位太守，生了一种怪病，先后请了好多个医生，都没有效果。最后只好将华佗请来。

华佗见了太守，问了一下症状，并不讲他得的什么病，也不说他预备如何治疗，当然也没有给他开药方，却开口向太守索要一笔昂贵的诊疗费。

太守很不高兴。但他知道华佗是位高明的医生，只指望早些摆脱掉疾病的折磨，不敢得罪，只得照付。

哪知华佗收下费用后，仍旧不给太守看病，问他什么病，也不好好回答。挨了两天，太守忍不住了，便责问了几句，华佗却一甩袖子跑了。

太守大怒，准备派人去抓他回来法办。没想到华佗倒叫人送了封信来，信中用尖刻的语言把太守痛骂了一顿。太守看过，忿怒之极，气得吐血，连忙把儿子叫来命他率领家丁，追捕华佗。

太守的儿子已经听过华佗的吩咐，知道华佗的用意，就不听父亲的命令。重病中的太守，除了发怒，也没有别的办法，还是继续吐血。

奇怪的是，不久太守不吐血，一身轻松，一切都恢复了正常。这使他转怒为喜，此时儿子才告诉了他实情。

原来，华佗看过他的病后认为，这种病不是任何药物或手术治得好的，只有惹他发怒，使感情得到宣泄才可痊愈。因为他是大官，谁也不敢得罪他，所以华佗就用这种方法对他进行治疗。太守知道了真相，不但不再怨恨华佗，而且对他十分钦佩与感激。

做人感悟

聪明人办事，就像一个高明的导演拍摄一部电影，通过一定的人和情节达到一个圆满的结果。不但结果让人敬佩，过程也让人欣赏。

学会道歉，不必再找"托词"

正值社交的艺术要求在人际关系往来中，发现自己犯了错误，一定要真心实意地认错、道歉，不必再推托其词，寻找客观原因，作过多辩解。即使的确有非解释不可的原因，也必须在诚恳道歉之后再解释一下，不应该一开始就为自己申辩。否则这种道歉不会弥合裂痕，反而会加深人与人之间的隔阂。

当对方正处在气头上，什么话都听不进去时，首先通过第三人转达歉意，当对方"风平浪静"时，再当面道歉；如果僵持下去，常常会两败俱伤。

如果觉得道歉的话一时实在难以说出口，可以用别的方式代替，买个小礼物，附上一封简短的道歉信托人带过去，见面时，和对方握握手，用眼光传达一下歉意也能收到微妙的效果。

道歉不要拖延时间，扭扭捏捏、拖拖拉拉只会让对方因为与你有一道裂痕而疏远，甚至会导致对方跟你绝交。

要给对方时间，感情波动比较大时对方往往要经过一段时间才能重新冷静下来，如果自己请人原谅没有被当场接受，稍后再过去表达自己的内疚与不安。

有时候，对许多人来说，承认错误已是痛苦的事，但要获得友谊，这还远远不够，还必须迅速及时地、真诚坦然地向别人道歉。

我们知道马克思与恩格斯之间的伟大友谊，却很少有人知道马克思与恩格斯也曾经产生过误会，甚至差点影响两人之间的友谊。而马克思向恩格斯的道歉方法也堪为现代人处理社交矛盾与误会所效仿。

恩格斯的夫人玛丽·白恩士因病逝世。恩格斯怀着极其悲痛的心情，写信通知马克思。马克思当时正处于严重的经济危机中，他在回信中除了开头的"关于玛丽的噩耗，使我感到极为意外，也极为震惊"外，没有表现出恩格斯所期待的那样的同情与安慰，反而大念自己的苦经。恩格斯读完信，又气愤又伤心，几天后给马克思写了封信：

"你自然明白，这次我自己的不幸和你对此冷冰冰的态度，使我完全不可能早些给你回信。"

"我的一切朋友，包括相识的庸人在内，在这种使我悲痛的时刻对我表示的同情和友谊，都超出了我的预料，而你却认为这正是表现你那冷静的思维方式的卓越性的时刻，那就听便吧！"

马克思收到这封措辞严厉的信后，心里像压了一块大石头般沉重。眼看20年的友谊发生裂痕，他深深感到自己写的那封信大错特错，而现在又不是马上能解释清楚的时候。过了10天，他估计朋友已"冷静"下来了，就写信认错，解释情况，表明心迹：

"在给你回信以前，我想还是稍微等一等为好。一方面是你的情况，另一方面是我的情况，都妨碍我们'冷静地'考虑问题。"

"从我这方面来说，给你写那封信是个大错，信一发出我就后悔了。而这绝不是出于冷酷无情。我的妻子和孩子都可以做证，我收到你的那封信（清晨收到的）时极其震惊，就像我最亲近的一个人去世一样。而到晚上给你写信的时候，则是处于完全绝望的状态之中。"

恩格斯接到这封信，气就消了，心头的疙瘩解开了，他立刻深情地写信告诉马克思："……你最近的这封信已经把前一封信所留下的印象消除了，而且我感到高兴的是，我没有在失去玛丽的同时再失去自己的最老的和最好的朋友。"

就这样，两位伟大人物的一次小小隔膜，就在相互开诚布公、坦率地交换意见之下清除了。

做人感悟

人与人之间，尤其是朋友与朋友之间，相知贵在知心，彼此袒露心扉，犹如打开一本书一样：不掩饰，不虚伪，相互谅解，坦诚相处，有矛盾时及时交换意见，有问题及时谈心，那么人际交往中就不会出现绊脚石。

有真才实学就不会被别人尊重

"离离原上草，一岁一枯荣；野火烧不尽，春风吹又生。"这是白居易所作的《赋得古原草送别》一诗，关于这首诗还有一个有趣的故事。

白居易是唐代著名诗人，他十五六岁时就已经写出不少可以传世的好诗。那时正是朱呲叛乱之后，长安遭到很大的破坏。特别是连年战争，到处闹粮荒，长安米价飞涨，百姓的日子很不好过。

白居易16岁时，父亲让他到京城长安去见世面，结交名人。当时，长安有一个文学家顾况，很有点才气，但是脾气高傲，遇到后生晚辈，常常倚老卖老。白居易听到顾况的名气，带了自己的诗稿，到顾况家去请教。白居易拜见了顾况，送上名帖和诗卷。顾况瞅了瞅这个小伙子，又看了看名帖，看到"居易"两个字，皱起眉头打趣说："长安米贵，居恐不易。"白居易被顾况莫名其妙地数落了几句，也不在意，恭恭敬敬地站在旁边请求指教。

顾况拿起诗卷随手翻着翻着，看到白居易的五言律诗《赋得古原草送别》时他的手忽然停了下来，脸上显露出兴奋的神色，马上站起来，紧紧拉住白居易的手，热情地说："啊！能够写出这样的好诗，住在长安也不难了。"

这首诗，足见白居易才情非凡。

白居易的诗歌通俗好懂，受到当时广大人民的欢迎，街头巷尾，到处都传诵着白居易的诗篇。据说，白居易写完一首诗，总先念给不识字的老婆婆听，如果有听不懂的地方，他就修改，一直到能够使她听懂为止。

做人感悟

在人生路上，我们要相信：有真才实学就不会被埋没。白居易以一诗而居易，不就是说的这个道理吗？

你怎样对别人，别人就会怎样对你

有人说鲁迅的头发根根都是钢，因为他的头发很硬，鲁迅又很忙，没有时间打理，所以头发很长了还根根站立，像一把刷子。这也正像他的笔，他的文章，那么锐利，像一把锋利的匕首。

1926年，鲁迅在厦门大学任教，当时他工作很忙，有时连理发的时间也没有，因此头发经常是乱蓬蓬的。

有一次，鲁迅的头发太长了，他就随便走进了一家理发店。一个理发师前来招呼这个身穿一件旧的长衫，脚穿一双黑布鞋的学者模样的人，心想：这人一定是个穷酸文人，没什么钱的，就没有当一回事。他只用了短短几分钟的时间就给鲁迅马马虎虎地剪完了。鲁迅站起来什么也没说，伸手到口袋里抓了一把钱，数也没数给了理发师，不理会理发师惊愕的表情，转身走出了理发店。

两个月后，鲁迅的头发又到了不剪不行的程度，所以他又去了上次那

130

家理发店，事情也正巧，上来招呼的还是上次那个理发师。理发师对鲁迅印象深刻，一眼就认出鲁迅是上回那位慷慨的顾客。想起了鲁迅上次的阔绰，这次他可不敢怠慢，理发理得特别认真、仔细，剪了又修，修了又剪，足足花了个把小时。

　　头发理好了，他就立在一边，等鲁迅给钱，心想这次一定会比上次给得还要多，哪知鲁迅从口袋里掏出钱来，仔细地数了一数，递给了理发师同价目表上的数额相等的钱。

　　理发师很纳闷，就鼓起勇气问鲁迅："先生，上次我给理得马马虎虎，您给得那么多，可今天……"鲁迅笑笑说："上次你给我胡乱地剪，我付钱也就胡乱地给；今天你理发理得很认真，我也得认认真真地按照规定的价格付钱。"理发师一听张口结舌，说不出话来。

做人感悟

　　用什么样的态度来对待别人，别人就会用什么样的态度来对待你。鲁迅用这种幽默的方式教育理发师不能以貌取人，相信会令他印象深刻，永生难忘的。

睁大眼睛辨别君子与小人

　　君子本是品格高尚、道德、学问极高之人，且足以为民众之表率。但是若表面伪装成一副道貌岸然、清高的模样，暗地里却做着违反常伦、伤天害理、阴险狡诈的事情，那便是个令人寒心的伪君子，是真小人。

　　因为有些人之为恶，是明显易知的事，我们可以心存防范之意，而不至于被骗或受到伤害。但是伪君子便不同了。他明里是个君子，使我们信任他，而疏于防范，但背地里所施行之不义恶行，反而使我们所受到的伤害更大了。所以我们只有辨别真君子与真小人才有利我们在社会上与人友好交往、防范小人，以达到成功社交的目的。

　　东汉末年，刘备和许汜闲谈，谈到徐州的陈登时，许汜说："陈登文化教养太低，不可结交。"

　　"你有根据吗？"刘备感到惊异。

"当然有，"许汜说，"头几年，我去拜访他，谁想他一点诚意也没有，不但不理人，而且天天让我睡在房角的小床上。"

刘备笑着说："他这样做是对的。你在外边的名气大，人们对你的要求也就高了。当今之世，兵荒马乱，百姓受尽了苦。你不关心这些，只打听谁家卖肥田，谁家卖好屋，尽想捞便宜。陈登最看不起这样的人，他怎么会同你讲心里话？他让你睡小床，还算优待哩。若是我，就让你睡在湿地上，连床板也不给的。"

前几年，有一句很流行的话，叫做："人在江湖飘，谁能不挨刀。"讲的是人在社会中难免会遇到小人，受到小人的欺侮或陷害。我们在社会上生存，和各种各样的人打着交道，像老话说的那样，"知人知面不知心"，谁也不知道与我们相处的人，到底是君子还是小人。许多人正是因为被对方的外表所迷惑错把小人当成了君子，结果挨了痛苦的一刀。因此说，我们必须时时提防小人，才能不至于处处被动、挨刀挨宰。

一、防范小人才能使你职场顺利

在我们的职场生涯中，大概每个人都遇到过一些人为的麻烦或暗算，因为总有一些人喜欢给我们制造一些让我们过不去的局面，他们或在工作中处处刁难你，或在你即将晋升时拖你后腿……这些人通常被称为小人。具体表现为爱传闲话、挑拨离间、不守信用、好刁难人、两面三刀等，不一而足。在工作中这些人不仅破坏了我们的心情，也使我们的工作无法顺利开展，职场生涯一波三折。要想在职场中顺风顺水，就一定要防范这种职场小人。

二、防范小人才能使你生意发达

在生意场中每个人几乎都在利用他人，并且也在被别人利用，但这种利用是有限的，是建立在互惠互利基础上的，而生意场上的小人则专门以损害别人的利益来满足自己的私利。为了满足自己的私利，他们会去坑、去蒙、去骗、去抢……作为一名正经商人，要想生意顺畅，就一定要识别这种生意场中的小人，远离他们但不要得罪他们，与这种人划清界限，只有这样，才能保证自己不受伤害，义利兼得。

三、防范小人社交才能成功

没有朋友，人生孤独无味，没有知己，生存单调无趣。在社会交往中，人人都希望有许多朋友，许多知己，追求情投意合、推心置腹的朋友，能互相帮助，互惠双赢，但若不加以辨别而一概接收，最终受伤的只能是自己。

社交中的小人"朋友"由于对你知根知底,他们害起你来最知道从什么地方下手,最能咬到你的要害处;小人"朋友"叮上你,比仇敌的搏杀更无情,因为他们张开咬人之口,就会准备把你咬死,这个伤口也是无法愈合的。所以社会交往中既要广泛交友,又要审慎选择,一定要交真朋友,防范小人"朋友",这样才能在社会中左右逢源,朋友遍天下。

做人感悟

当然,社会中善良正直的人还是占多数,需要防范的人只是少数,我们不能因为这些人的存在,就在自己和所有的人之间树起一堵厚厚的墙。

别只顾自己说话

说得好,不如说得巧。一句话可能令你晋位升爵,但也有可能为你惹来杀身之祸。尽信书不如无书,同样,如果不能融会贯通说话的学问,那就少说为妙。

三国时期的杨修,在曹营内任主簿。他为人才思敏捷,是当时不可多得的人才之一,但是由于恃才自负,屡次得罪曹操而不自知。

一次,曹操建造一所花园,竣工后,曹操四处观看,不发一语,只提笔在门上写了一个"活"字,想和手下人打个哑谜,众人看了都不解其意,只有杨修笑着说:"'门'内'活'字,乃'阔'字也。丞相是嫌园门太窄了,想拓宽它。"

于是,手下再筑围墙,改造完毕又请曹操前往观看。曹操看了非常高兴,一问之下,知道杨修毫不费力就解出自己出的谜题,嘴巴上虽然称赞几句,但心里却很不是滋味。

又有一天,塞北送来一盒酥饼,曹操在盒子上写了"一合酥"三字。正巧杨修进来,看了盒子上的字,竟不待曹操开口,径自取来汤匙与众人分食那一盒糕饼。曹操被他大胆妄为的行径吓了一跳,质问杨修,杨修嘻嘻哈哈地说:"盒子上写明了一人一口酥,我又怎么敢违背丞相的命令呢?"曹操听了,虽然勉强保持风度、面带笑容,心里却十分厌恶杨修这种得了便宜还卖乖的行为。

曹操生性多疑，生怕遭人暗中谋害，因此谎称自己在梦中会不自觉地杀人，告诫身边侍从在他睡着时切勿靠近他，后来还故意杀死一个替他拾被子的侍卫，想借此杀鸡儆猴。

没想到杨修得知这件事，马上看穿曹操的心思，当着曹操的面喟然叹道："丞相非在梦中，君乃在梦中耳？"曹操哪里经得起这样的冷嘲热讽，下定决心，非把杨修这个人除之而后快不可。

机会终于来了。曹操率大军攻打汉中，迎战刘备时，双方于汉水一带对峙很久。曹操由于长时间屯兵，已经陷入进退两难的处境。此时，恰逢厨子端来一碗鸡汤，曹操见碗中有根鸡肋，感慨万千。

刚好夏侯惇在这时进入帐内禀请夜间口令，曹操随口说道："鸡肋？鸡肋？"夏侯惇便把这两个字当做口令传了出去。

行军主簿杨修听了这事，便叫随行的部众收拾行装，准备归程。夏侯惇见了惊恐万分，立即把杨修叫到帐内询问详情。

杨修解释道："鸡肋鸡肋，弃之可惜，食之无味。今进不能胜，退恐遭人笑，在此有何益处？来日魏王必定班师矣。"

夏侯惇对杨修的这一番解释非常佩服，于是，下令营中将士打点行装，好鸣金收兵，准备撤退。曹操得知这种情况，一口咬定杨修造谣惑众，在他身上安了一个扰乱军心罪，毫不留情地把他杀了。

杨修头脑聪明，最后却聪明反被聪明误。他恃才傲物，只想一味夸耀自己的机智，完全不顾及别人的感受好恶，即使面对的是顶头上司，还要处处露一手，终遭灭顶之灾。

说话，不只是说给自己听，更要说给别人听，既然如此，你又怎么能不去考虑一下别人听了这些话，会有怎样的解读呢？一个真正懂说话的人，不见得字字珠玑、句句含光，但是，他总是能说出对方想听到的话。

名人小传

社交中的说话，同站在教室中教课或是站在演讲台上演说有很大不同，教课和演说，只有你一个人在说话，别人不能插嘴。而社交中的说话，彼此在对等的地位，如果在这种谈话中，你一个人一直滔滔如高山瀑布，永不停止地倾泻着，那对方就没有说话的机会，完全是你说人听了。这样你肯定不会受人欢迎，甚至会被别人耻笑。

世界著名记者麦开逊说:"不肯留神去听别人说话,是不受人欢迎的第一表现。"

每一个人都有着他自己的发表欲的,如几个人聚在一起讲述故事,甲一个一个地讲了好几个了,乙和丙谁不都是嘴痒痒的,也想来讲述一两个。可是,甲只管滔滔不绝地一个一个地讲下去,使乙和丙,想讲而没有机会讲。我们试想一下,乙和丙的心里一定不好受。因为他们自己没有说话的机会,专门听甲的讲话,自然会没有精神听下去,只好站起来不欢而散了。

一个商店的售货员,拼命地称赞他的货物怎样好,而不给顾客说话的机会,就不能做成这位顾客的生意。因为顾客对你巧舌如簧、天花乱坠的说话,顶多看做一个生意经,决不会因此购买。反过来,你只有给顾客有说话的余地,使他对货物有询问或批评的机会,双方形成讨论和商谈才有机会做成你的生意。

美国钢铁大王卡内基说:"倾听是我们对任何人的一种至高的恭维。"英国心理学家杰克·伍德说:"很少人能拒绝接受专心注意、倾听所包含的赞美。"与人交谈,应注意倾听别人的讲话,"倾听"是一种"无言的赞美和恭维"。

生活中有许多是非之争是因为谈话多了;话说得愈多,出毛病的机会也就愈多。教人少说废话多做实事,这是古今中外哲人学者的共识。它饱含着深刻的辩证法则。真正有学问的人大智若愚,不乱说话,相反那些腹中空空,没有几点文墨的人却喜欢大吹大擂。所以,我们应记住一条原则:在任何地方和场合,最好能少说话。若是到了非说不可时,那你所说的内容、意义,所选用的词句,所伴随的姿势以及说话的声音,都不可不加以注意。在什么场合该说什么话,用什么方式说,都值得注意。无论是在探讨学问、接洽生意,实际应酬或娱乐消遣中,种种从我们口里说出的话,一定要有中心,要能具体、生动,要十分精彩。

在类似座谈会的场合中,大家都是踊跃发言,而不注意听清楚别人的意思。所以,经常产生彼此的误会,各想各的,都站在自己的立场,擅自解释别人的意见,表面上看起来,大家讨论得十分热烈,事实上非常散乱。因此,真正有见识的人,会在脑中把众人的论点分析、整理出来,而当座谈会进行到中段以后,才提出他归纳后的要点,让大家有个一致的方向。然后，再说出自己的意见，使整个讨论的方向更为明确，这种人才是最会表达的人。

为保证你说的每一句话为人所重视，不惹人讨厌，唯一的做法是少说话，静静地思考，耐心地听别人说话。

做一个耐心的倾听者要注意以下六个规则。

规则一：对讲话的人表示称赞。这样做会造成良好的交往气氛。对方听到你的称赞越多，他就越能准确表达自己的思想。相反，如果你在听话中表现出消极态度，就会引起对方的警惕，对你产生不信任感。

规则二：全身注意倾听。你可以这样做：面向说话者，同他保持目光的亲密接触，同时配合标准的姿势和手势。无论你是坐着还是站着，与对方要保持在对于双方都最适宜的距离上。我们亲身的经历是，只愿意与认真倾听、举止活泼的人交往，而不愿意与推一下转一下的石磨打交道。

规则三：以相应的行动回答对方的问题。对方和你交谈的目的，是想得到某种可感觉到的信息，或者迫使你做某件事情，或者使你改变观点等。这时，你采取适当的行动就是对对方最好的回答方式。

规则四：别逃避交谈的责任。作为一个听话者，不管在什么情况下，如果你不明白对方说出的话是什么意思，你就应该用各种方法使他知道这一点。

比如，你可以向他提出问题，或者积极地表达出你听到了什么，或者让对方纠正你听错之处。如果你什么都不说，谁又能知道你是否听懂了？

规则五：对对方表示理解。这包括理解对方的语言和情感。有个工作人员这样说："谢天谢地，我终于把这些信件处理完了！"这就比他简单说一句"我把这些信件处理完了！"更充满情感。

规则六：要观察对方的表情。交谈很多时候是通过非语言方式进行的，那么，就不仅要听对方的语言，而且要注意对方的表情，比如看对方如何同你保持目光接触、说话的语气及音调和语速等，同时还要注意对方站着或坐着时与你的距离，从中发现对方的言外之意。

在倾听对方说话的同时，还有几个方面需要避免。

第一，别提太多的问题。问题提得太多，容易造成对方思维混乱，谈话精力难以集中。

第二，别走神。有的人听别人说话时，习惯考虑与谈话无关的事情，对方的话其实一句也没有听进去，这样做不利于交往。

第三，别匆忙下结论。不少人喜欢对谈话的主题作出判断和评价，表示赞许和反对。这些判断和评价，容易让对方陷入防御地位，造成交际的障碍。

做人感悟

再列举六点令人满意的听话态度。
* 适时反问。
* 及时点头。
* 提出不清楚之处并加以确认。
* 能听出说话者对自己的期望。
* 辅助说话的人或加以补充说明。
* 有耐心并想深入了解说话的内容。

学会"听"

美国知名主持人林克莱特一天访问一名小朋友，问他说："你长大后想要当什么呀？"小朋友天真地回答："嗯，我要当飞机驾驶员！"林克莱特接着问："如果有一天，你的飞机飞到太平洋上空，所有引擎都熄火了，你会怎么办？"小朋友想了想："我会先告诉坐在飞机上的人绑好安全带，然后我挂上我的降落伞先跳出去。"

当现场的观众笑得东倒西歪时，林克莱特继续注视着这孩子，想看他是不是自作聪明的家伙。

没想到，接着孩子的两行热泪夺眶而出，这才使得林克莱特发觉这孩子的悲悯之情远非笔墨所能形容。于是林克莱特问他："为什么要这么做？"小孩的回答透露出一个孩子真挚的想法："我要去拿燃料，我还要回来！我还要回来！"

做人感悟

别人说话时，你听完了话的内容吗？你听明白了话的内容吗？如果没有，就请做到，不要把自己的意思，投射到别人所说的话上头。

有意暴露某个小缺点

美国有位总统，在庆祝自己连任时开放白宫，与一百多名小朋友亲切"会谈"。10岁的约翰问总统，小时候哪一门功课最糟糕，是不是也挨过老师的批评。总统告诉他："我的品德课不怎么好，因为我特别爱讲话，常常干扰别人学习。老师当然要经常批评的。"他的回答，使现场气氛非常活跃。

后来有一位叫玛丽的女孩，她来自芝加哥的一个贫民区。她对总统说，她每天上学都很害怕，因为她不知道会发生什么事情，害怕路上遇到坏人。此时，总统收起笑容，严肃沉重地说："我知道现在小朋友过的日子不是特别如意，因为有关毒品、枪支和绑架的问题政府处理的不理想——我希望你好好学习，将来有机会参与到国家的正义事业之中。也只有我们联合起来和坏人做斗争，我们的生活才会更美好。"

这位总统的话紧紧抓住了小朋友的心，使小朋友的心里面认为总统和他们是好朋友。即使场外的大人们看到这样的对话场面，也会感到总统是一个亲切的人。从心理学角度分析，这位总统展现的不仅是亲和的说话和动作，更是人际关系中"同理心"的特质。他利用这种特质，透露给小朋友他的过去和他们一样，也常被老师批评，但只要经过自己的努力，也会成长为有用的人；总统在认同小朋友对社会治安担心时，还鼓励小朋友参与正义事业，那样，正义者的力量会更大。

这样的谈话使小朋友发现，总统是和他们生活在一个国家里，站在一个立场想问题的。在总统的这个谈话中，还体现了另外一个有趣的心理现象。总统在说话的时候坦陈自己"小时候品德课不好，常挨老师批评"，其目的不仅是拉近距离，便于沟通，同时也塑造了一种在美学上称之为"缺陷美"的形象。

心理学家指出，一个接近完美的人如果敢于承认自己人性瑕疵，他的言行将比神圣而不可高攀的人更讨人喜欢。其中主要原因是一个过于高大的完善的人物容易使他人的内心产生一种压迫感，有时也会令人有一点点自卑心理。而说话者通过坦诚自己的某个小缺点或过去的某个缺点时，无形中缓解了听话者压迫感的程度。

当大人物与普通人谈话时，主动表示亲和或者采用适当的低姿态会满足普通人的自尊心理需求，这种行为当然是非常受欢迎的。

上述故事中的总统对孩子们的谈话对象心理的研究以及他所采取的低姿态，值得我们在生活和工作中借鉴。

你可能有过这样的体会：当你还是个高中生的时候，你会遇到初中的小弟弟、小妹妹向你请教各种问题，充满敬仰地要求你谈谈自己的学习方法。这时，无论你多么不高兴，多么忙，都会带着一丝骄傲，认真地解答他们的每一个幼稚的问题，并从他们的目光中得到某种心理满足。静下心来仔细分析这样的经历，就可以发现，成就感是多么早又是多么牢固地根植于我们的心灵深处。别人向我们求教，这就表明自己在某些方面是具有优越性的，如果说我们受到了崇拜，这大概有点儿过分，但至少说明我们受到了重视、具备了一定的影响力。在被别人请教时，我们心中涌起的愉悦感和自豪感往往并不能为我们自己所清醒地意识到，但它却主宰着我们的情感，甚至是我们的理智。每一个健康的、心智正常的人都会对这种感受乐此不疲，即使是领导也不例外。

在工作上，请教的姿态不仅仅是形式上的，更有内容上的意义。这样你可以亲自聆听上司在这方面的想法。这种想法在很多时候是他真实意志的浮现，而他却并未在公开场合予以说明，而且很有可能是下属在考虑问题时所忽略了的重要方面。这样，在未提出自己的意见之前，首先请教一下上司的想法，可以使你做到进退自如。一旦发现自己的想法还欠深入，考虑得不是很周到，你还有机会回去后再把自己的建议加以完善一下。如果你的建议是源于未能领会上司的意图，那么，它不仅毫无意义、分文不值，而且还暴露了你自己的弱点，这对你绝非幸事。

向上司请教，有利于找出你们的共同点，这种共同点，既包括在方案上的一致性，又包括你们在心理上的相互接受。

许多研究者都发现，"认同"是人们之间相互理解的有效方法，也是说服他人的有效手段。如果你试图改变某人的个人爱好或想法，你越是使自己等同于他，你就越具有说服力。因此，一个优秀的推销员总是使自己的声调、音量、节奏与顾客相称。正如心理学家哈斯所说的那样："一个造酒厂的老板可以告诉你一种啤酒为什么比另一种要好，但你的朋友，无论是知识渊博的，还是学识疏浅的，都可能对你选择哪一种啤酒具有更大的影响。"而影响力是说服的前提。

做人感悟

有经验的说服者，他们常常事先要了解一些对方的情况，并善于利用这些已知的情况，作为"根据地""立足点"，然后，在与对方接触中，首先求同，随着共同的东西增多，双方也就越熟悉，越能感受到心理上的亲近，从而消除疑虑和戒心，使对方更容易相信和接受你的观点和建议。下属在提出建议之前，先请教一下上司，就是要寻找谈话的共同点，建立彼此相容的心理基础。如果你提的是补充性建议，首先就要从明确肯定上司的大框架开始，提出你的修正意见，作一些枝节性或局部性的改动和补充，以使上司的方案或观点更为完善，更有说服力，更能有效地执行。

善举救自己

名人小传

艾森豪威尔（1890-1969），第二次世界大战时西欧盟军最高司令，美国第34任总统。生于得克萨斯州丹尼森城一个贫苦家庭，21岁时靠自己的努力进入著名的西点军校。第二次世界大战爆发时，艾森豪威尔仍是一名50岁的步兵营长。1939年欧战爆发后，历任营长、师参谋长、军参谋长、集团军参谋长。1942年6月被任命为美国驻欧洲战区司令。1944年被任命为欧洲盟军远征军最高统帅。9月20日晋升为五星上将，这是美军中最高的衔位。艾森豪威尔在短短的两年半的时间，从少将晋升到五星上将，创下了第二次世界大战中最快的晋升速度。1943年12月，担任盟国欧洲远征军最高司令。1945年10月，接任美军总参谋长职务。1946年4月11日，晋升为永久五星上将。1951年4月，被任命为北大西洋公约组织最高司令。1953年荣登总统宝座，并连任两届。离开白宫后，艾森豪威尔撰写了自己的第二本回忆录《白宫岁月》。

艾森豪威尔幼年家贫，1915年西点军校毕业。第一次世界大战时，指挥一个坦克训练中心，工作出色，擢升上尉。

1943年12月24日，他被任命为盟军远征军最高司令，旋即前往伦敦准备实施登陆行动。1944年6月6日，他不顾天气恶劣下令渡海，约4000艘舰艇和100万大军在法国诺曼底登陆，开始向法国中部推进。8月25日，解放巴黎。12月在阿登粉碎德军的疯狂反击。翌年3月越过莱茵河。5月7日德国投降，欧洲战事结束。1944年9月，艾森豪威尔升为五星上将。

1945年6月，凯旋归国，11月杜鲁门总统任命他接替马歇尔为陆军参谋长，领导复员和使各军种置于集中领导之下。1948年5月退役，出任哥伦比亚大学校长。该年秋，他撰写的《欧洲十字军》一书出版，畅销一时，使他成为富翁。1950年秋，杜鲁门任命他为北大西洋公约组织最高司令。1952年6月，他辞去军职，返回美国，投身竞选总统的活动，最后以共和党总统候选人身份竞选获胜。

第二次世界大战期间，盟军统帅艾森豪威尔将军有一天要赶着回总部开会。

那天大雪纷飞，天气阴冷，车子一路急驰。忽然，艾森豪威尔看到一对法国老夫妇坐在马路旁哭泣。他立即命令身旁的翻译官下车去了解详情，一位参谋阻止他道："将军，我们得赶回总部开会，这种事还是交给当地的警方处理吧！"

"等到警方赶到时，这对老夫妇可能早已冻死啦！"艾森豪威尔坚持说。原来，老夫妇正准备去法国巴黎投奔自己的儿子，但因为车子抛锚，不知如何是好。于是，艾森豪威尔立即请这对夫妇上车，顾不得正要召开的紧急会议，特地绕道去了趟巴黎。

然而，他的善举得到了丰厚的回报。事后才知道，当天几个纳粹狙击手埋伏在艾森豪威尔平常所走的那条路上，如果没有他的善举，也许他躲不过那场劫数，整个欧洲战争史说不定也会改写。

一个农夫家里有一种祖传的冬天防冻手的秘方。一个商人得知了消息，就跑到这个农夫家里，用高价买下了这种秘方。拿破仑东征时，一度为士兵们的手在冬天被冻坏以至于不能作战而感到焦虑的时候，这个商人及时出现并献上了这种秘方，结果就使拿破仑的军队大胜。为此：拿破仑重赏了这个商人，而商人为购买这种秘方付出的代价同他得到的赏赐相比，简直是微不足道。

处理事物的态度和能不能认识事物的价值，会影响人生的进程。

做人感悟

人生最美丽的补偿之一，就是人们真诚地帮助别人之后，同时也帮助了自己。

你今天对人微笑了吗

名人小传

希尔顿（1887-1979）美国旅馆业巨头。生于美国新墨西哥州。第一次世界大战期间曾服过兵役，并被派往欧洲战场，战后退伍，1925年建成第一家以希尔顿命名的旅馆，经营旅馆业。希尔顿经营旅馆业的座右铭是："你今天对客人微笑了吗？"这也是他所著的《宾至如归》一书的核心内容。希尔顿的"旅店帝国"已延伸到全世界，拥有200多座高楼大厦，资产发展为数十亿美元，被称为"旅店帝王"。

第一次世界大战期间曾服兵役，希尔顿被派到欧洲战场，战后退伍，一度生活无着。后来经营旅馆业：1919年希尔顿在得克萨斯州的Cisco创建了他的第一家旅馆，而第一家以希尔顿命名的旅馆是1925年建成于达拉斯。其后一发而不可收拾，到1943年，希尔顿建成了首家联系东西海岸的酒店连锁集团。

随后，他的酒店集团跨出美国，向全世界延伸，目前拥有200多座高楼大厦。这个帝国包括纽约市的华尔道夫、阿斯托利亚大酒店，芝加哥的帕尔默大酒店、佛罗里达州的"枫丹白露"，美国赌城拉斯维加斯的希尔顿大酒店和法兰明高大酒店，以及香港的希尔顿大酒店，上海的希尔顿饭店等。希尔顿饭店成为世界财贸界巨头乃至国家首脑争相光顾的地方。而希尔顿这个退伍士兵也成为一位举世无双的"旅店帝王"。

若问"旅店帝王"希尔顿成功的要诀何在，就在于"你今天对客人微笑了吗"。

在50多年中，希尔顿不停地周游世界，巡视各分店，每到一处同职工说得最多的就是这句话。即使在美国经济萧条的1930年，旅馆业80％倒闭，希尔顿旅馆同样难免遭受噩运的情况下，他还是信念坚定地鼓舞职工振作起来，共渡难关；即使是借债度日，也要坚持"对客人微笑"。他深信，困难是暂时的，"希尔顿"事业一定会步入崭新的繁荣时期。他向同事们郑重呼吁："万万不可把心中愁云摆在脸上。无论遭受何种困难，希尔顿服务员脸上的微笑永远属于旅客。"

他的信条得到贯彻落实，"希尔顿"服务人员始终以其永恒美好微笑感动着客人。很快，希尔顿饭店果然进入经营的黄金时期。他们添置了许多一流设备。当再次巡视时，希尔顿问他的职工们："你认为还需要添置什么？"职工们回答不出来，他笑了："还要有一流的微笑！""如果是我，单有一流设备，没有一流服务，我宁愿弃之而去住那种虽然地毯陈旧些，却处处可见到微笑的旅馆。"

八九十岁后，希尔顿仍坚持乘坐飞机从这个州飞到那个州，从这个国家飞到那个国家，视察、教导职工。偶尔有所感，著书立说，他写的《宾至如归》一书，多年来被希尔顿职工视为"圣经"，而书中的核心内容就是"你对顾客笑了吗"。

对顾客微笑看起来是小事，但工作中无小事。每一件事都值得去做。即使是最普通的事，也不应该敷衍应付或轻视懈怠，相反，你应该付出热情和努力，多关注怎样把工作做到最好，全力以赴、尽职尽责地完成任务，养成良好的职业素养。考虑到细节、注重细节的人，不仅认真对待工作，将小事做细，而且注重在做事的细节中找到机会，从而使自己走上成功之路。

做人感悟

热忱是推销才能中最重要的因素。热忱能够鼓舞及激励一个人对手中的工作采取行动。不仅如此，它还具有感染性，所有和他有过接触的人也将受到影响。热忱和人的关系，就好像是蒸汽和火车头的关系，它是行动的主要推动力。

幽默是人际关系的调味剂

一、柯立芝的冷幽默

顺应了民心而已

美国第13任总统柯立芝以少言寡语出名,常被人们称作"沉默的卡尔"。

柯立芝却说:"我认为美国人民希望有一头严肃的驴做总统,我只是顺应了民心而已。"

那天我也一直站着

这天,柯立芝正埋头办公,忽然一位崇拜他的夫人闯了进来,对他前一天的演讲表示祝贺,并说:"那天大厅里人山人海,我根本无法找到一个座位,一直站着听完了您的全部演讲。"这位夫人带着委屈的口气,想得到柯立芝的安慰。

不料,柯立芝却说:"并不是你一个人受累,那天我也一直站着。"

别忘了把账单寄给英王

柯立芝刚担任总统时,管理白宫的官员带他巡视白宫。

这位官员指着一处烧焦的大梁说那是1812年战争时被英国军队烧的,建议应该尽快更换。

柯立芝考虑了一下,说:"好吧,但别忘了把账单寄给英王。"

都是进进出出罢了

一天傍晚,柯立芝和他的朋友在白宫广场上散步。

一位朋友指着白宫开玩笑说:"这古怪的房子究竟住着谁?"

柯立芝严肃地说:"没有人住在那里,他们都是进进出出罢了。"

总统没有提升的机会

柯立芝总统任期快要结束时,他发表了有名的声明:"我不打算再干总统这个行当了。"

记者们觉得他话里有话，于是缠住他不放，请他解释为什么不想再当总统。

柯立芝对记者说："因为总统没有提升的机会。"

言简意赅

由于柯立芝总统沉默寡言，许多人便以和他多说话为荣耀。

在一次宴会上，坐在柯立芝身旁的一位夫人千方百计地想使柯立芝和她多聊一聊。

她说："柯立芝先生，我和别人打了个赌：我一定能从你口中引出三个以上的字眼来。"

"你输了！"柯立芝说道。

又一次，一位社交界的知名女士与柯立芝挨肩而坐，滔滔不绝地高谈阔论，但柯立芝依然一言不发。

她只得对柯立芝说："总统先生，您太沉默寡言了！今天，我一定得设法让您多说几句话，起码得超过两个字。"

柯立芝总统回答："徒劳。"

做人感悟

"冷幽默"是那种淡淡的、在不经意间自然流露的幽默，是让人发愣、不解、深思、顿悟、大笑的幽默，是让人回味无穷的幽默。之所以称之为"冷幽默"，是因为不仅要幽默，还要"冷"。

二、爱因斯坦的幽默

干吗要这么多人

1930年，德国出版了一本批判相对论的书，书名叫做《一百位教授出面证明爱因斯坦错了》。

爱因斯坦闻讯后，仅仅耸耸肩道："100位？干吗要这么多人？只要能证明我真的错了，哪怕是一个人出面也足够了。"

时间与永恒

有一次，一个美国女记者采访爱因斯坦，问道："依您看，时间和永恒有什么区别呢？"

爱因斯坦答道："亲爱的女士，如果我有时间给您解释它们之间的区别的话，那么，当你明白的时候，永恒就消失了！"

意识

爱因斯坦的二儿子爱德华问他："爸爸，你究竟为什么成了著名人物呢？"

爱因斯坦听后，先是哈哈大笑，然后意味深长地说："你瞧，甲壳虫在一个球面上爬行，可它意识不到它所走的路是弯的，而我却能意识到。"

记电话号码

爱因斯坦的一位女性朋友给他打电话，末了要求爱因斯坦把她的电话号码记下来，以便以后通电话。

"我的电话号码很长，挺难记。"

"说吧，我听着。"爱因斯坦并没有拿起笔。

"24361。"

"这有什么难记的，"爱因斯坦说，"两打与十九的平方，我记住了。"

感觉相同

一天，爱因斯坦在冰上滑了一下，摔倒了。他身边的人忙扶起他，说："爱因斯坦先生，根据相对论的原理，你并没有摔倒，对吗？只是地球在那时忽然倾斜了一下？"

爱因斯坦说："先生，我同意你的说法，可这两种理论对我来说，感觉都是相同的。"

理论的成败与国籍

20世纪30年代，爱因斯坦有一次在巴黎大学演讲时说："如果我的相对论被证实了，德国会宣布我是个德国人，法国会称我是世界公民。"

"但是，"他继续说道，"如果我的理论被证明是错的，那么，法国会强调我是个德国人，而德国会说我是个犹太人。"

先为大家演奏小提琴

爱因斯坦去布拉格演讲，欢迎者说了一大堆好话，使得科学大师很不自在。轮到爱因斯坦讲话了，他却举起了小提琴："女士们，先生们，这里气氛太严肃了，让我先为大家演奏小提琴吧，那将更愉快、更容易理解。"

听众皆笑，兴致盎然。

大衣

爱因斯坦成名之前，生活拮据，衣着随便。有一位朋友曾劝他说，应该添置一件大衣，否则难以进入社交界。爱因斯坦笑着答道："我本来就默默无闻，就是穿得再漂亮也没有人会认识。"几年后，成了大科学家的爱因斯坦和从前一样，依然衣着简朴。那个朋友再次提醒他，快去做件像样的大衣，以便与自己的身份相符。爱因斯坦还是笑着回答："现在即使穿得更随便些，同样也会有人认识我。"

做人感悟

爱因斯坦的幽默，能将现实与幻想混杂在一起，超然于日常的现实态度与理性的逻辑方法的局限之外，赋予周围事物以神奇。

三、斯大林的机智型幽默

历史画像上的斯大林双目微眯，威风凛凛；赫鲁晓夫描绘的斯大林阴郁多疑，冷酷无情；实际生活中的斯大林却感情丰富，机智幽默。

"你只能眼馋呗"

列夫·梅赫利斯（1889—1953）在苏联卫国战争期间曾任军事委员会委员。有一次，他在向斯大林报告了前线形势后，顺便提起风流倜傥的罗科索夫斯基（1896—1968）将军"有生活作风问题"。斯大林听了没做任何反应。

梅赫利斯不甘心，执意要打击这位春风得意的将军，临走时又向斯大林问道："我们到底拿罗科索夫斯基同志怎么办？"斯大林不喜欢纠缠于干部的枝节问题，更不爱听小报告。他反问梅赫利斯："怎么办？你只能眼馋呗。"

"把那堆破烂还给上校"

卫国战争结束时，一位上将向斯大林报告战况，斯大林听后很满意，两次点头表示赞许。

上将说完后欲言又止。斯大林问："您还有什么话要说？"

"是，有件私事。我从德国搞了些我感兴趣的玩意儿，但是被检查哨扣下了。如果可以的话，我想要回来。"

"可以，你写个报告，我批个条。"

上将从军服口袋里掏出事先写好的报告，斯大林立刻在上面批意见：把那堆破烂还给上校。约·斯大林。

上将忙不迭地说谢谢。斯大林却说："不用感谢。"

上将看了批条后又对斯大林说："这里有个笔误，斯大林同志。我不是上校，是上将。"

斯大林答道："不，没错，上校同志。"

"您不过就缺条腿"

苏联海军元帅伊万·伊萨科夫（1894—1967），于1938年起担任苏联副海军人民委员。1946年的一天，斯大林打电话给他，说考虑任命他为海军参谋长。伊萨科夫回答："斯大林同志，我得向您报告。我有严重身体缺陷，有一条腿在战争中受重伤被截掉。"

"这是您认为必须报告的唯一缺陷吗？"

"对。"

"我们原先那位参谋长连头脑都没有，还照样工作。您不过就缺条腿，没什么了不起。"斯大林说。

善待过失

电影事务委员会主席博尔谢科夫在为斯大林放映完一部影片后递给斯大林一枝钢笔，以便斯大林签字批准在全国上映这部影片。不巧的是，钢笔不出水。博尔谢科夫面带愧色地从斯大林手中拿过钢笔，甩了两下。不曾想，甩出的墨水竟溅到了斯大林的白裤子上。博尔谢科夫吓呆了。看到他吓成这样，斯大林打趣道："喂，博尔谢科夫，害怕了？你是不是以为斯大林同志只剩下一条裤子了？"

什么"不好"

斯大林作为国家最高领导人，表面看起来很威严，周围的人都非常怕他。许多人面对斯大林时往往紧张得语无伦次，窘态百出。

一次，电影导演科津采夫为斯大林放映自己导演的一部电影。他很想知道斯大林对影片的印象如何。这时，斯大林的助手波斯克列贝舍夫走了进来，交给斯大林一张字条，并打开了电灯。斯大林含糊地嘟哝了一句"不好"，科津采夫立即晕了过去。斯大林说："等这个可怜虫醒过来后，你们告诉他，我说'不好'是说字条不好，不是说他的电影。整个西方都对斯大林同志说'不好'，斯大林可没有因此晕过去。"

"不要打扰我在极乐世界的长眠"

1936年秋，西方盛传斯大林重病不治，溘然长逝。美国合众社驻莫斯科记者查尔斯·尼特想获得最权威的消息，就来到克里姆林宫门口，请秘书把他的信转交给斯大林。信中恳求斯大林对上述谣传予以证实或否定。

斯大林的复信如下——

可敬的先生：

据我从外电外报获悉，我早已离开罪恶的人世，移居极乐世界。既然您不想从文明人名单中勾销，对外电外报倒是不能不笃信无疑的。敬请相信这些报道，务必不要打扰我在极乐世界的长眠。顺致敬意。

约·斯大林
1936年10月26日

做人感悟

幽默是一种生活的智慧，是对生活的洞察力的体现，其中既有成功的、含蓄的喜悦，亦有失败的、委婉的伤悲。而拥有了幽默这门艺术，胜固可喜，败亦欣然。一般而言，拥有了这种生活的智慧，拥有了这种生活的艺术，也就迈出了事业有成的第一步。

不必曲意迎合别人

提起毕加索，真可谓无人不知，无人不晓，毕加索是西班牙画家，法国现代画派主要代表。毕加索一生是个不断变化艺术手法的探求者，印象派、后期印象派、野兽派的艺术手法都被他汲取改造为自己的风格，并且极为罕见地在各种变异风格保持自己粗犷刚劲的个性，在各种手法的使用中，都能达到内部的统一与和谐，使他的成就达到登峰造极的境界。

出名以后的毕加索，跟一切有声望的人物一样，总是有人慕名前来求画。打着各种义卖活动的旗号，登门叨扰的人纷至沓来……

毕加索生性豪放豁达，慷慨大方，对于救助者又有一种天生的怜悯心，所以他来者不拒，对求助者都一概地敞开大门热情接待。但他每次作画，都保持自己的个性，绝不向权势与金钱妥协。

毕加索一生都信仰共产主义，所以对于法国共产党组织派人前来索画，总是有求必应。有一次，著名诗人阿拉贡受法共中央委员会的派遣，登门拜访了毕加索，他要求毕加索绘制一幅斯大林的画像。毕加索满口答应，之后便着手工作，在作画过程中，他摒弃了传统的画法，创造性地对斯大林的画像作了一些处理。

半个月后，阿拉贡按时前来取画，但是当他看到毕加索向他递过来的作品之时，不禁目瞪口呆。不过，尽管不是太满意，阿拉贡还是将这幅画带去呈交给法共中央审阅。

几天以后，阿拉贡一脸沮丧，又来看望毕加索，当听说法共中央对那幅画像没有给予好评，毕加索觉得自己的艺术没有得到应有的尊重，于是大为生气。他大喊道："真是愚不可及！我在斯大林画像的前额上添了一绺头发，为的是让他的形象更具有无产者的气息，而那些人却不愿意看到斯大林元帅是一位无产者。"

发完火，毕加索又补充了一句："我看干脆就把这幅画一砸了事！"

做人感悟

在任何时候都要坚持自己的风格和个性，这样才有独特之处，这样的作品才会受到别人的喜爱。毕加索的画能广受人们的喜欢，就是因为他有自己的独特之处。相信自己，让别人去说吧。

第六篇

天道酬勤，坚持就是胜利

辉煌背后有艰辛

马可·波罗，意大利的旅行家，被人们公认为富有开拓精神的探险家。他于1275年来到中国，为中西文化交流做出了不可磨灭的贡献。他口述的东方旅游经历，由比萨人鲁思缔谦记录下来的《马可·波罗游记》即《寰宇记》被欧洲认为世界第一奇书，风靡一时。更有甚者，欧洲的地理学家根据他书中的描写，制作了早期世界地图。由此可见，马可·波罗在世界交流史上具有不可磨灭的伟大功绩。

1254年，马可·波罗出生在意大利威尼斯的一个商人家庭。马可·波罗的父亲是威尼斯的巨商，丰厚的家底让父亲和叔叔能毫无顾忌地一次又一次进行远航探险。成长在这种探险气氛浓厚的家庭中的马可·波罗对海洋以及遥远的东方充满了好奇和向往。当他长大一点的时候，他就喜欢去父亲拥有的港口去当小搬运工。他每天的任务就是把刚进港的轮船上的货物送到需要的旅客家中。对于小马可·波罗来说，一天最开心的事莫过于划着自己的小船去港口等待远洋回来的轮船。他觉得能够远洋是一件极其神秘的事，而那时候马可·波罗就下定决心，长大后一定要成为伟大的探险家。

几年过去了，马可·波罗又长大了一点。他仍然是每天早晨就来到港口眺望大海，神情专注而忧郁。对于这时候的马可·波罗来说，他守望的不仅仅是轮船，更是他的父亲和叔叔。好几年了，父亲和叔叔依然音信全无。因为担忧，母亲早已病倒了，而且医生说母亲在世界上的日子已经不多了。这让马可·波罗感到沮丧和焦急。他迫切地渴望父亲能在他的期盼中安全地回到家。在马可·波罗十五岁的时候，父亲回来了。他告诉马可·波罗自己去了神秘的东方，看见了中国皇帝，并答应要带马可·波罗一起去。1271年，他们出发了。四年后，马可·波罗第一次踏上了神秘的中国土地。

结局是辉煌的，但是过程的艰辛是一般人所无法预料的。当马可·波罗和他的父亲来到霍尔木兹，他们错过了前往中国的轮船，所以他们只好改走陆路。这是一条漫长而充满艰险的路程。他们得穿过令人毛骨悚然的伊朗沙漠，跨过人迹罕至的帕米尔高原。在这条路程中，他们战胜了疾病、饥渴的折磨，避开猛兽的袭击，终于来到了中国新疆。而在他们回去的旅途中，许多船只沉没，吃尽了苦头，等到他们最终到达威尼斯的时候，破烂和憔悴得让亲人都不认识了。

所有的人都知道马可·波罗，都知道马可·波罗的辉煌和获得的财宝，大家都羡慕马可·波罗的幸运和名垂千古，但是很少有人知道马可·波罗为此所付出的代价和艰辛。

做人感悟

我们渴望成功，但是我们千万不要忽视我们在前往成功道路上所遇到的艰辛和所付出的代价。等到功成名就的时候，对于我们来说，最重要最宝贵的财富就是在这条道路上所付出的坚韧和努力。我们得明白：过程远比结果重要。

勤奋是最好的资本

原一平素有日本的"推销之神"之称。一次在他69岁生日的宴会上，当有人问他推销成功的秘诀时，他当场脱掉鞋袜，将提问者请上台说："请您摸摸我的脚板。"

提问者摸了摸，十分惊讶地说："您脚底的老茧好厚哇！"

原一平笑笑说："因为我走的路比别人多，跑得比别人勤，所以脚茧特别厚。"

提问者略一沉思，顿然醒悟。

"勤能补拙是良训，一分辛苦一分才。"伟大的成功和辛勤的劳动是成正比的，有一分劳动就有一分收获，日积月累，从少到多，奇迹就可以创造出来。原一平脚板上的老茧，分明写着同样的一个字，那就是"勤"。

人们常说：有耕耘才有收获。一个人的成功有多种因素，环境、机遇、学识等外部因素固然都很重要，但更重要的是依赖自身的努力与勤奋。缺少勤奋这一重要的基础，哪怕是天赋异禀的雄鹰也只能栖息在树上，望天兴叹。而有了勤奋和努力，即便是行动迟缓的蜗牛也能雄踞山顶，观千山暮雪，望万里层云。懒惰的人花费很多精力来逃避工作，却不愿花相同的精力去努力完成工作。其实，这种做法完全是在愚弄自己。勤奋真的很难吗？勤奋不是天生的，而是后天培养出来的好习惯。大凡有所作为的人，无不与勤奋的习惯有着一定的联系。我们知道"将勤补拙"是李嘉诚的一条重要的人生准则，也是他成功的经验之一。

米开朗基罗曾经有这样一段评价另一位天才人物拉斐尔的话："他是有史以来最美丽的灵魂之一，他的成就更多的是得自于他的勤奋，而不是他的天才。"也有人问及拉斐尔本人如何能够创造出这么多奇迹一般完美的作品时，拉斐尔回答说："我在很小的时候就养成一个习惯，那就是从不忽视任何事情。"直到这位艺术家突然驾鹤西去之际，整个罗马为之悲痛不已，罗马教皇利奥十世更是为之痛哭流涕。拉斐尔终年38岁，但在他短暂的一生中竟然留下了287幅油画作品和五百多张速描。仅仅这些简简单单的数字，难道还不能给那些懒惰散漫、游手好闲的年轻人深刻的警示么？

哈默曾经说过："幸运看来只会降临到每天工作14小时，每周工作7天的那个人头上。"他是这么说的，也是这么做的，他九十多岁时仍坚持每天工作十多个小时，他说："这就是成功的秘诀。"巴菲特认为，培养良好的习惯是非常关键的一环。一旦养成了一种不畏劳苦、敢于拼搏、锲而不舍、坚持到底的劳动品性，则无论我们干什么事，都能在竞争中立于不败之地。

俗话说："勤奋是金。"一个芭蕾舞演员要练就一身绝技，不知道要流下多少汗水、饱尝多少艰辛，一招一式都要经过难以想象的反复练习。著名芭蕾舞演员泰祺妮在准备她的晚场演出之前，往往得接受她父亲两个小时的严格训练。歇下来时真是筋疲力尽！她甚至累得想躺下来，但又不能脱下衣服，只能用海绵擦洗一下，借以恢复精力。人们看到的舞台上那只灵巧如燕的小天鹅，表现得是那样的轻盈、自信。但这又来得何其艰难！台上一分钟，台下十年功！这其中的酸楚或许只有她自己才会真正的体会吧！

勤奋是一种重要的美德。坐等着什么事情发生，就好像等着月光变成银子一样渺茫。希望冥冥之中自有上天的眷顾，那也是不可能实现的痴人妄想。这些想法往往都是懒惰者的借口，是缺乏长远规划者的托辞。有一次，牛顿这样表述他的研究方法："我总是把研究的课题置于心头，反复思考，慢慢地，起初的点点星光终于一点一点地变成了阳光一片。"牛顿毫无疑问是世界一流的科学家。当有人问他到底是通过什么方法得到那些非同一般的发现时，他诚实地回答道："总是思考着它们。"

正如其他有成就的人一样，牛顿也是靠勤奋、专心致志和持之以恒才取得成功的，他的盛名也是这样换来的。放下手头的这一课题而从事另一课题的研究，这就是他的娱乐和休息。牛顿曾说过："如果说我对公众有什么贡献的话，这要归功于勤奋和善于思考。只有对所学的东西善于思考才能逐步深入。对于我所研究的课题我总是穷根究底，想出个所以然来。"

让我们研究一下那些伟大作品的"初稿"，也是一件很有意思的事情，从杰斐逊起草的《独立宣言》到朗费罗写成《生命之歌》，没有哪一部作品在最终完稿前不是经过反复修改和润色加工而成的。据说，拜伦的《成吉思汗》甚至是写了一百多遍才最终定稿的。

美国伟大的政治家亚历山大·汉密尔顿曾经说过："有时候人们觉得我的成功是因为我的天赋，但在我看来，所谓的天赋不过就是努力工作而已。"美国另一位杰出的政治家丹尼尔·韦伯斯特在70岁生日的时候，谈起他成功的秘密说："努力工作使我取得了现在的成就，在我的一生中，从来还没有哪一天不在勤奋地工作。"所以，勤奋地工作被称为"使成功降临到个人身上的信使"。

如果你时刻保持着勤奋的工作状态，你就自然会得到他人的认可和称赞，同时也必然会脱颖而出，并得到成功的机会。

做一个勤奋的人，要知道，阳光每一天的第一个吻肯定会先落在那些勤奋的人的脸颊上。你要相信，在这世界上没有人能只依靠天分而成功，你只有通过自己的努力，才能走向人生的巅峰。如果你永远保持这种勤奋的工作态度，你就会得到他人的赞扬，就会赢得老板的器重，同时也会赢得更多升迁和奖励的机会。

做人感悟

<u>对于想成大事者来说，勤奋才是最好的资本。谁能不停止勤奋的脚步，谁就能够像一颗种子一样不断地从大地母亲那里汲取营养。</u>

天才源于勤奋 勤奋书写篮坛的传奇

名人小传

1963年，乔丹出生于美国纽约布鲁克林。1982年他随卡罗莱纳大学篮球队夺得全美大学生联赛冠军。1984年开始NBA职业生涯，进入芝加哥公牛队；1991—1993年率公牛队完成NBA总冠军"三连冠"霸业；1996—1998年复出之后再次率领公牛队3次获得NBA总冠军；1999年正式退役。

迈克尔·乔丹是篮球史上的天才人物，是20世纪世界上最有价值的篮球运动员。他是美国篮球的化身，他出神入化的球技让人叹为观止，他被誉为"篮球飞人"。

1963年，乔丹出生于纽约的布鲁克林，随着小乔丹的一天天长大，在美国上下对篮球运动的狂热和对篮球明星无比崇拜的气氛里，小乔丹也拍起了篮球，练起了三步起跳投篮技术。

虽然如今的乔丹已经取得了让全世界的球迷都为之惊叹的成绩和荣誉，然而在他还是一个中学生的时候，他的身高和各方面的素质却决定了他并不适合这项高强度的体育运动。当时，就因为身体方面存在的这些不足，乔丹要求加入校园篮球队的申请被无情地拒绝，该球队的教练甚至还直截了当地让乔丹放弃打篮球的梦想，因为以他的条件即使是奋斗终生也不会取得任何的成就。

失败的经历和教练的那席话，让乔丹的心灵受到了强烈的刺激，可他并未因此而放弃自己的理想。相反，就在那个时刻，乔丹给自己树立了一个目标，那就是不仅要成为一名篮球运动员，而且还要成为最好的那个。

为了实现这个目标，乔丹付出了常人所无法想象的艰辛劳动。每天早晨6点，其他人还徜徉于睡梦之中的时候，乔丹便开始了自己一天的超强度训练，而直到夜深人静万家灯火时，他才拖着极度疲惫的身体离开训练场地。就在这样日复一日年复一年的刻苦磨炼下，乔丹的技术得到了飞速的提高，而他的身体条件也渐渐地走向了成熟。

1980年，乔丹进入北卡罗莱纳大学，攻读地理专业，两年以后，他参加了全美大学生联赛。北卡罗莱纳大学队一路过关斩将，决赛时与实力强劲的乔治城大学队相遇。北卡罗莱纳大学队对乔丹寄予了很大的希望，教练深信乔丹是一颗冉冉升起的新星。

比赛在紧张地进行着，比分交替上升，两队难分伯仲。临场结束15秒前，风云突起，乔治城大学队一路领先，尽管北卡罗莱纳队奋力追赶，还是以61∶62落后，取得比赛的胜利似乎没有希望了，支持北卡罗莱纳队的球迷们在心里捏着一把汗。

突然，只见黑人小伙子迈克尔·乔丹在中远距离的地方冷静地投篮，球不偏不倚，直入篮网。"加2分。"记分牌上亮出了63分，这一下，乔治城大学队反而以1分之差落后了，该队大加进攻。但无可奈何花落去，随着主裁判一声哨响，比赛结束。北卡罗莱纳队反败为胜，荣获全美大学生联赛冠军。乔丹一时成为全美的大明星，这关键性的一投，对乔丹一生起了极为重要的作用，他这样说："我再也无法重复这一进球，它使我对未来的篮球生涯信心百倍。"

成名之后，当谈到自己何以在强手如林的NBA联赛中取得如此骄人的成就和荣誉时，乔丹是这样说的："在NBA联赛中确实有不少具有天分的球员，我也可以算做其中的一个，可是我跟其他球员截然不同的是，你绝不可能在整个NBA中再找到一个像我这样为了目标而去拼命的人。我给自己的目标是'只要第一，不要第二'。"

迈克尔·乔丹的经历，就充分地证明了这一点。因此，青少年学生应当从小就养成刻苦的精神，一旦这种精神在自己身上扎根、发芽，那将来的成功就是必然的。

做人感悟

勤奋出天才。一个人哪怕天赋上比别人差些，但只要勤奋努力，孜孜以求，他就会在事业上取得成功，从而实现人生的辉煌和成就。

反之，一个人即使拥有过人天资，即使拥有宏大志愿，但若不去努力，不去脚踏实地地行动，那么，他也必然是个失败者。

勤奋是生命之舟驶向理想彼岸的一面风帆

"天才出于勤奋"。任何人的任何一种才能，都是通过刻苦学习和勤奋工作逐步积累起来的。

各行各业，凡是勤奋不息者必定有所成就，出人头地。即使是出家的和尚，息迹岩穴，徜徉于山水之间，看破红尘，与世无争，他们也自有一番精进的功夫要做，于读经礼拜之外还要勤行善法不自放逸。

唐朝开元间的百丈怀海禅师，亲近马祖时得传心印，精勤不休。他制定了《百丈清规》，他自己笃实奉行，"一日不作，一日不食。一面修行，一面劳作。"当他到了暮年仍然照常操作,弟子们于心不忍,偷偷的把他的农作工具藏匿起来。禅师找不到工具,那一天没有工作,但是那一天他也就真的没有吃东西。他的刻苦精神感动了不少人。

清初以山水画著名的石豁和尚,在他自题的《溪山无尽图》中写道:"大凡天地生人,宜清勤自持,不可懒惰。若当得个懒字,便是懒汉,终无用处。……残袖住牛首山房,朝夕焚诵,稍余一刻,必登山选胜,一有所得,随笔作山水数幅或字一段,总之不放闲过。所谓静生动,动必做出一番事业。端教一个人立于天地间无愧。若忽忽不知,懒而不觉,何异草木?"人而不勤,无异草木,这句话沉痛极了。

马克思写《资本论》,辛勤劳动,艰苦奋斗了四十年,阅读了数量惊人的书籍和刊物,其中作过笔记的就有一千五百种以上;我国历史巨著《史记》的作者司马迁,从二十岁起就开始漫游各地,足迹遍及黄河、长江流域,汇集了大量的社会素材和历史素材,为《史记》的创作奠定了基础;德国伟大诗人、小说家和戏剧家歌德,前后花了58年的时间,搜集了大量的材料,写出了对世界文学界和思想界产生巨大影响的诗剧《浮士德》;我国年轻的数学家陈景润,在攀登数学高峰的道路上,翻阅了国内外的上千本有关资料,通宵达旦地看书学习,取得了震惊世界的成就;上海女知识青年曹南薇,坚持自学十年如一日,终于考上了高能物理研究生。由此可见,任何一项成就的取得,都是与勤奋分不开的。古今中外,概莫能外。

勤奋的反面是懈怠。有的人也能勤奋于一时,但难于坚持到底。原因之一,就是不能够正确处理工作、学习和生活的关系,在思想上松懈下来。上网聊天,玩游戏,本来是文化生活的一部分,然而如果乐此不疲,大好时光就会偷偷溜走。家室之乐,亲子之爱,自然为人生之乐趣,但是,太"儿女情长"了,往往使"英雄志短"。"不会休息就不会工作",适当的劳逸结合是完全必要的。问题是:如果把休息看作是延长生命的一个处方,那就反而会耗费生命。

历史上固然也有像李贺、贾谊那样生命十分短促的诗人和作家,但在举世知名的文学家和科学家的名册中,不也有许多长寿老人吗?一生作了25000本读书笔记,总共写出104部科学幻想小说的儒勒·凡尔纳,活到77岁;以惜时如金著称于世的阿尔伯特·爱因斯坦,活到76岁,都证明了勤奋并不一定使人短命。

更为重要的是，人活着是为了工作，如果把安逸和享受看作生活的目的，而不追求在学习和工作上有所长进，那么，二三十年之后，必然是资格越来越老，本事越来越小。到那时，早已"白了少年头"，岂不只剩下"空悲切"的份儿吗？

"人生在世，事业为重。一息尚存，绝不松劲。"这是吴玉章同志的名句。我们要使自己的人生与众不同，要想干出一番事业，需要的正是这样一种态度。

做人感悟

有人曾经称颂鲁迅是"天才"，鲁迅的回答是："哪里有天才，我是把别人喝咖啡的工夫都用在工作上的。"爱迪生也说过：天才，就是百分之二的灵感加上百分之九十八的汗水。鲁迅一生640多万字的著译，爱迪生一生两千多件的发明，都为他们的话作了很好的注解。由此可见，"后生可畏"也是有条件的，那就是要刻苦学习和勤奋工作，使自己的"年龄优势"逐渐转化为"知识优势"、"才能优势"或"事业优势"，从而达到超过前人的目的。勤奋是生命之舟驶向理想彼岸的一面风帆。离开了勤奋二字，再大的"年龄优势"也是没有意义的。

在时间中谱写自己的历史

1717年，富兰克林的哥哥詹姆士在波士顿开办了印刷所。12岁的富兰克林和詹姆士签订厂学徒合同，按照合同，小富兰克林学习印刷手艺直到21岁，学徒期间，只得到膳宿和衣服，直到最后一年，才能得到普通工人的最低工资。

富兰克林是十分爱好学习和珍惜时间的。但是，由于工作繁忙，富兰克林只能在晚上下班后或早晨上工之前，或是在星期日进行自学。为了更多地学习，富兰克林尽量减少用在其他活动上的时间。当时，他尽管认为作礼拜是人们应尽的义务，但还是常常设法从父亲的催督下躲避参加，独自一人留在印刷所，在练习写作和读书中自得其乐。在16岁那年，富兰克林偶然读到一个名叫特莱昂的人写的一本宣传素食的书，打算实行素食。

一天，富兰克林向哥哥提出，把每月伙食费的一半交给他，由他自己来办理伙食。这样，富兰克林每顿饭以一块饼干或一片面包，一把葡萄干或一块果馅饼和一杯清水充饥，由此从伙食费中节省出钱来买书。而且，每到吃饭的时间，其他人离开印刷所以后，富兰克林草草吃过东西，便可以利用剩下来的时间读书。素食使富兰克林获得了买书的钱和看书的时间，他的学习进度加快了。

就这样，仅仅上过两年学的少年富兰克林在早早地当起了学徒去挣自己的面包的同时，以非凡的求知欲和刻苦精神，吸取着文化知识的养分，不自觉地为未来作为科学家、思想家和外交家的生涯架设了最初的牢固的阶梯。

世界上有成就的人都像富兰克林一样非常注重时间。

据《人间的普罗米修斯》记载：英国女作家玛·科明是马克思女儿爱琳娜的好朋友。她在一篇回忆录中记载了1881年与马克思交往的一个场面。她写道：

"记得有个星期日吃午饭的时候，我去晚了。主人马克思非常严厉地责备我。听了我解释也摇头。"用解释来纠正错误，那纯粹是浪费时间，"他用低沉的嗓音嘟囔着，"能这样考虑一下好，可是有人就不这样。什么是人的最大财富、最宝贵的东西，那就是时间。可是，偏就这样浪费掉了。自己的时间根本不珍惜，可别人的时间呢？譬如说我的时间呢？老天爷，这要负多大的责任呀！"

人才在时间中成长，在时间中前进，在时间中改造客观世界，在时间中谱写自己的历史。人才对各门科学的学习和研究，必须在一定的时间内进行。人才创造的各种成果，必须经过时间来鉴定。时间，唯有时间，才能使智力、想象力及知识转化为成果。人的才能想要得到充分的发挥，尽快踏上成功之路，若没有充分利用时间的能力，不能认识自己的时间，计划自己的时间，管理自己的时间，那只会失败。

时间是成功者前进的阶梯。任何人想要成就一番事业，都不可能一蹴而就，必须踩着时间的阶梯一级一级登攀。而古人说："少壮不努力，老大徒伤悲。"抓紧时间，让你的事业从今天开始吧！

做人感悟

英国大哲学家培根说："时间是衡量事业的标准。"我们在赞叹成功者成就大小时，实际上是使用了时间这个尺度。伟人们有限的一生中，做出了超越常人的贡献，这就是他们伟大之所在。我们赞叹莎士比亚的伟大，常常想到他一生写了和翻译了600多万字著作。我们赞叹爱迪生伟大，也常离不开他一生有1000多项科学发明。

人生需磨砺

在美国，"钻石大王"彼得森和他的"特色戒指公司"几乎无人不知，无人不晓。彼得森从16岁给珠宝商当学徒开始，白手起家，经历了令人难以想象的艰辛，最后一跃而成为享誉世界的"钻石大王"。

1908年，亨利·彼得森生于伦敦一个犹太人家庭。幼年时父亲便撒手人世，家庭生活的重担落在了母亲柔弱的肩上。迫于生计的压力，母亲携彼得森移居纽约谋生。在他14岁时，作为他生活支撑的母亲也因劳累过度一病不起，亨利不得不结束半工半读的学习生涯，到社会上做工赚钱，肩负起家庭生活的沉重负担。

当亨利·彼得森16岁的时候，他来到纽约一家小有名气的珠宝店当学徒。这家珠宝店的老板犹太人卡辛，是纽约最好的珠宝工匠之一。作为一个珠宝商，他在纽约上层社会的达官贵人和公子小姐中颇有声誉，他们对卡辛的名字就像对好莱坞电影明星一样熟悉。卡辛手艺超群，凡经过他亲手镶嵌的首饰都能赢得人们的赞誉并卖到很高的价钱。

但是卡辛作为珠宝店的老板，又是一个目中无人、言语刻薄的暴君，他对学徒的严厉简直到了暴虐的程度，珠宝店的学徒在他面前无不蹑手蹑脚、谨慎从事，唯恐自己的疏忽和过错惹怒了这个六亲不认的老板。

对于珠宝尤其是钻石的生产而言，最艰苦、最难以掌握的基本功莫过于凿石头。亨利上班第一天，卡辛给他安排的任务就是练习凿石头，开始了他炼狱般的学徒生涯。根据卡辛的"教诲"，一块拳头大小的石头，要求用手锤和斧子打成10块尺寸相同的小石块，并规定不干完不许吃饭。亨利从没有干过这种活，看着这一块石头发呆良久，不知如何下手，唯恐一不小心招来老板的训斥和挖苦。但是他别无选择，只得硬着头皮干。他先把大石头劈成10小块，然后以10块中最小的那块为标准，慢慢雕凿其他九块。虽说石头质地不是特别坚硬，但是层次非常分明，稍不小心就会把石头凿下一大块而前功尽弃，并招来老板的一顿呵斥。

后来据亨利·彼得森讲，尽管老板非常苛刻，但也是为了让他们早日掌握打造石头的要领，因为对于钻石生产而言，打造石头是来不得半点含糊的基本功。老板也是借此来考验学徒们的意志，因为如果过不了这一关，是永远也不能成为成功的钻石商人的。

学徒第一天下来，亨利腰酸腿痛，四肢发软，眼睛发胀，但依然没能完成老板的任务。以后的数天里，他简直变成了一台麻木的机器在那里机械地运转，整日挥汗如雨地在那里劈凿。但是后来成就了事业的亨利·彼得森对于卡辛还是充满了感激之情，说如果没有卡辛的严厉要求，他绝对不会成为一个成功的"钻石大王"。

母亲看着孩子日渐消瘦的面容和血迹斑斑的双手，实在不忍心让孩子受这种委屈与折磨。但她知道对于穷人家的孩子，除了靠吃苦而谋生外别无选择。在母亲的感召下，亨利也别无选择，并且在心里燃烧起强烈的成功欲望。他相信自己受一些苦难与委屈，最终一定能够学到这门手艺。

万事开头难，自己支摊也不是件容易的事。虽然要求不高，只要有一张工作台就可以了，但是在房租昂贵的纽约找一块地方谈何容易？关键时刻，还是有着互助意识的犹太同胞帮了他的忙。他就是彼得森在珠宝店里当学徒时认识的犹太技工詹姆。詹姆与他人合资在纽约附近开了一个小珠宝店。彼得森去找他想办法，詹姆的小珠宝店很小，约有12平方米，已经摆放了两张工作台。詹姆很热心，看他处境艰难，允许他在这个小房间里再摆一张工作台，每月只收10美元租金。

工作台得到了解决，但是身无分文的彼得森无力预付房租，必须找到活儿干，否则仍然无法生存。到了第23天，他终于揽到了一笔生意，一个贵妇人有一只两克拉的钻石戒指松动了，需要坚固一下，她在拿出戒指前郑重地问彼得森跟谁学的手艺，当得知面前这个首饰匠是卡辛的徒弟时，她就放心地把戒指交给了他。这对彼得森来说是一个重大发现，想不到卡辛的名字在这些有钱人中有如此分量，他马上想到借助卡辛的名气揽生意。也正是从此开始，他深刻地意识到了声誉的重要性。

尽管自己和师傅之间有一段无法说清的恩怨，但是他从心里还是对老师心存感激之情。彼得森靠着"卡辛的徒弟"这块招牌干了两三个月，生意不错。这时，一家戒指厂的生产线出了问题，急需一个有经验的工匠做装配。在听说彼得森的名气后，这家戒指厂老板请他去负责，他愉快地接

受了这一工作，有很多人慕名来找他加工首饰，他都一一热情接待，把业余时间都用在加工首饰上。

当然，他每星期的收入也开始明显增多，有时可赚到170多美元。这样，他一边在工厂工作，一边加工首饰，终于在经济大萧条的年代里渡过了失业难关，生活也得到了极大的改善。

做人感悟

人生也像一块宝石，磨砺的次数越多，磨砺得越精美，其价值就越高。因此，为了步入杰出者的行列，要努力学好知识，不要怕吃苦，不要怕遇到障碍，要时刻保持努力进取，奋发向上的热情。

有压力才有动力

钢琴家孔祥东，是从5岁开始练琴，当时是被动的，班里有8个钢琴学生他排第六个，因为成绩不好，从来没有被学校重视过，他对自己也从来没有信心。

第一次参加比赛时，他才17岁，参赛者的年龄在16～32岁之间。比赛前，很紧张，头天晚上还吃了两片安定片，别人说吃了会睡着，而他却更加兴奋。

那天他觉得那个舞台特别的巨大，茫茫无边，要走到台的中间，像要走许多路。在开赛前，一个苏联老太太叫道——"CHINA"，他还在后台磨蹭。有人喊：怎么还不上去，下面坐得满满的，21个评委都在等待着。他当时就想溜出去，老师就急了："你真是没用，怎么能功亏一篑。"就在后面踢了他一脚。他说："感觉挺好，再来一脚。"老师就又踢了他一脚。就这么把他踢出去了，结果那次取得了好的成绩。其实很多次参加大赛他都有过失败，但他喜欢这种压力。

做人感悟

有起有落是人生经验的积累，关键时，如果有人把你向前推一掌，给以助动力，那固然可喜，如果这时有反面的因素激将你，也是难得的帮助。这些均可视为成功的因素。

敬业精神是成功必备的条件

"丁零零",爱因斯坦所在的研究所主任办公室的电话响了起来。电话里的声音问:"请问,我能否和主任谈话?"

当秘书告诉他主任不在时,电话里继续说:"那么,你能否告诉我,爱因斯坦博士住哪儿?"

爱因斯坦搬到了一个新住处,名叫普林斯顿高级研究所。为了不受打扰以便有更多的时间从事研究,爱因斯坦和秘书说,不要将他的住址透露给别人,因此尽职尽责的秘书说:"对不起,不能奉告,爱因斯坦博士不愿意自己的住处受到干扰。"

正在秘书准备挂电话的时候,电话里传来很轻很轻的声音说:"请你不要告诉任何人,我就是爱因斯坦博士,我正要回家,可是我忘了自己住在哪儿了。"秘书马上悄悄地把新的住处告诉了他,挂上电话后,秘书笑得直不起腰来。

做人感悟

敬业精神,是每个人成功所必须具备的精神。爱因斯坦的整个心思都扑在了科学研究上,甚至于忘了自己住在哪里,这从另一个侧面反映出科学家们的敬业精神。

学习是一项长期的工作

众所周知,日本前首相森喜郎说话从来不经过脑子,总是说错话。他的英文发音也很糟糕,因此备受媒体挖苦。

一次,森喜郎首相要去美国访问,为了改变在人们心目中的坏印象,森喜郎首相决定临时抱佛脚,恶补英文,到时候让看不起他的人刮目相看。但是时间太紧了,多了学不会,集思广义之后,外交部的人员帮他安排好了这样的对话:见面之后先伸出手,跟克林顿说:"How are you?"(你好吗？）克林顿一定会说："I am fine, and you?"（我很好，你呢？）森喜郎首相回一句："Me too!"（我也一样！）剩下的就交给翻译去处理好了。森喜郎首相大喜，才两句话，这很简单，他认为一定会说得字正腔圆的。森喜郎首相在政府专用机上练习不辍，夜空中飞越太平洋，还听得到梦中的森喜朗在喃喃地苦练美式发音。

　　终于到了美国，走上厚厚的红地毯，见到了克林顿和他的夫人希拉里，森喜郎首相的心中一阵狂喜，伸出双手，音腔中酝酿好了十足的美音，出口的是什么竟然浑然不觉："Who are you?"（你是谁？）这时候他脸上的笑灿烂得融化了美利坚的天空。克林顿吃了一惊，不过他罹大难而不倒，8年总统也行将任满，做美国总统的如此磨炼，使得他临危不惧，急智而答，正好讨好身边的夫人一把："I'm Hilary's Husband."（我是希拉里的丈夫。）味道好极了！森喜郎首相仿佛看到华盛顿邮报、朝日新闻头版头条的赞美，TBS、ABC播音员的兴奋，从此人们会永远忘掉那个说话不经过大脑的传说的。他微笑着、自豪地、骄傲地看了对面的希拉里一眼，然后冲克林顿点了点头，无比坚定地说："Me too!!!"

做人感悟

　　学习是一项长期的工作，知识是在生活中一点一点积累起来的，临时抱佛脚是行不通的。

再忙也要学会生活

　　流沙河先生是四川文化的一种象征，在他的文字中淋漓尽致地写出了四川人特有的自嘲、幽默和智慧。流沙河先生于诗文之外，还对楹联情有独钟。有一年恰逢夏历癸酉，时近残腊，转眼即是甲戌新正。有人前来求撰春联，流沙河先生想起酉属鸡而戌属狗，一首五言短联便当场脱口，巧借生肖，诙谐饶趣，造语简白，妇孺可诵；然而又平仄妥贴，对仗工稳，浑然天成，很有大雅若俗的风韵。

　　这样有才气的文化人也有露怯的时候。20世纪80年代初，流沙河在《星星》诗刊社任编辑，独占一间办公室，一手著述，一手编诗，日常生活杂事均由夫人代为处理。一日有事需要联系，他叫夫人去传达室打电话，夫人觉得这是他的私事，不便插手，就坚持让流沙河亲自去打。流沙河面呈难色，推三推四，却拗不过夫人，只得拿着电话号码去了。

半晌，只见流沙河急匆匆地走回，将夫人从人堆里拉到僻静处，四下张望后怒气冲冲地说："你快告诉我，电话这东西，究竟是先拨了号再拿起来，还是先拿起来再拨？"

做人感悟

人除了事业上的追求，也应该懂得享受生活。流沙河能够作出令人拍案叫绝的文章，在生活中却不会打电话。

命运掌握在勤恳工作的人手中

人们总是责怪命运的盲目性，其实命运本身还不如人那么具有盲目性。了解实际生活的人都知道：天道酬勤，命运掌握在那些勤勤恳恳地工作的人手中，就正如优秀的航海家驾驭大风大浪一样。对人类历史的研究表明，在成就一番伟业的过程中，一些最普通的品格，如公共意识、注意力、专心致志、持之以恒等，往往起到很大的作用。即使是盖世天才也不能小视这些品质的巨大作用，一般的就更不用说了。事实上，正是那些真正伟大的人物相信常人的智慧与毅力的作用，而不相信什么天才。

瓦特可以说是世界上最勤劳的人之一，所有他的经验都说明了这么一个道理：那些天生具有旺盛精力和出众才能的人并非一定就能取得伟大的成就，只有那些以最大的勤奋和最认真的训练有素的技能——包括来自劳动、实际运用和经验等方面的技能去充分发挥自己才能和力量的人才会取得伟大成就。与瓦特同时代的许多人所掌握的知识远远多于瓦特，但没有一个人像瓦特一样刻苦工作，把自己所知道的知识服务于对社会有用的实际操作方面。在各种事情中，最重要的是瓦特那种对事实坚韧不拔的探求精神。他认真培养那种积极留心观察、做生活的有心人的习惯，这种习惯是所有高水平工作的头脑所赖以依靠的。实际上，埃德奇沃斯先生就对这种观点情有独钟：人们头脑中的知识差异在很大程度上更多地是由早年时代所培养起来的留心观察的习惯所决定的，而不是由个人之间能力上任何巨大的差别来决定的。

甚至在孩提时代，瓦特就在自己的游戏玩具中发现了科学性质的东西。散落在他父亲的木匠房里的扇形体激发他去研究光学和天文学；他那体弱多病的状态导致他去探究生理学的奥秘；在偏僻的乡村度假期间，他兴致勃勃地去研究植物学和历史。在他从事数学仪器制造期间，他收到一个制作一架管风琴的订单，尽管他没有音乐细胞，但他立即着手去研究，终于成功地制造了这架管风琴。同样，在这种精神的驱使下，当执教于格拉斯哥大学的纽卡门把蒸汽机模型交给瓦特修理时，他马上投入到学习当时所能知道的一切关于热量、蒸发和凝聚的知识中去——同时他开始从事机械学和建筑学的研究——这些努力的结果最后都反映在凝结了他无数心血的压力蒸汽机上。

那些最能持之以恒、忘我工作的人往往是最成功的。

人人都渴望成功，人人都想得到成功的秘诀，然而成功并非唾手可得。我们常常忘记，即使是最简单最容易的事，如果不能坚持下去，成功的大门绝不会轻易地开启。除了坚持不懈，成功似乎并没有其他秘诀。

做人感悟

天赋过人的人如果没有毅力和恒心作基础，他只会成为转瞬即逝的火花；许多意志坚强、持之以恒而智力平平乃至稍稍迟钝的人都会超过那些只有天赋而没有毅力的人。正如意大利民谚所云："走得慢且坚持到底的人才是真正走得快的人。"

接受苦难

公元73年，犹太小刀党领导的起义只剩下最后一个据点马萨达堡，960名义军被10万罗马士兵整整围困了三年。石块已阻挡不住罗马人的进攻，在4月15日犹太教逾越节，他们决定集体殉难。殉难前，起义领导人拉埃尔发表了"宁为自由而死，不为奴隶而生"的浩气长存的演说，这就是代表犹太人民族气节的"马萨达精神"。

公元135年，犹太人在抵抗罗马人的最后一次起义失败后，守卫贝塔尔要塞的守军亦全部自尽，绝不投降，再一次体现了犹太人大无畏的英雄气概。

不惧血与火的锤炼，坚贞不屈，这正是犹太人历尽浩劫而不灭的真谛之一。

犹太教是世界上最古老的宗教之一，基督教和伊斯兰教都发源于它，有成文的经典和行为规范，是每一个犹太人的精神支柱，也是联系散居在世界各地的犹太人的精神纽带，每一个犹太教的教徒，都有坚强的信仰。"巴比伦囚房"时代，流浪的犹太人纷纷发誓："耶路撒冷啊，我若忘记你，就让我的右手从此不会操作，舌头从根烂掉。"即使是在中世纪宗教迫害那么疯狂的年代，也只有少数人放弃犹太教，接受基督教洗礼。15世纪下半叶，西班牙宗教裁判所以死刑威胁犹太人改教，一批犹太人为了生存，表面上接受洗礼，实际上仍忠于自己的信仰。西班牙皇帝恼羞成怒，下令将21万犹太人全部驱逐。也正是犹太教和《圣经》，使犹太人自命为"上帝的特选子民"，这不仅阻碍了他们和其他民族的融合，《圣经》成了唤醒散居在世界各地的每一个犹太人民族意识的强大力量，同时也使他们心中永远装着上帝，一切苦难都是上帝为惩罚他们罪行的特意安排，届时救世主自会拯救他们脱离苦海，回到"流奶"之地。于是，他们具有忍受一切压迫的巨大忍耐力，这也是他们能够在任何恶劣环境下都能生存并保持民族同一性的内因。

人生总有迂回曲折，伴随着你的成长过程，还会遭遇更多的挫折，这就是人生的现实。在这些人生的转折关头，实际上应该如何去看待，进而如何去应付，就全看你自己了。你可以把它当作是一种"挑战"；或者，你也可以像大多数人一样，把它当成是时运不济、危机、灾难……，而不想寻找更可靠的道路再尝试一次，并作为自己承认失败的借口。

做人感悟

人生的路程既然是与苦难分不开的，我们就该懂得接受苦难。会接受苦难，苦难就成了上帝赐下来的化装了的福祉；不会接受苦难，苦难就真的成了难当的重担。

有毅力的人才能获得更多的好运

　　一谈到小泽征尔先生，许多人都知道，他堪称是全日本足以向世界夸耀的国际大音乐家、名指挥家。然而，他之所以能够建立今天名指挥家的地位，乃是参加贝桑松音乐节的"国际指挥比赛"带来的。

　　在这之前，他不只与世界无关，即使在日本，也是名不见经传。

　　他决心参加贝桑松的音乐比赛，是受到同为音乐伙伴的A先生鼓励，但他自决定参加音乐比赛开始，日日都以能得到音乐比赛奖为目标，几乎是废寝忘食地不断练习。

　　经过重重困难，他终于充满信心地来到欧洲。但一到当地后，就有莫大的难关在等待他。

　　他到达欧洲之后，首先要办的是参加音乐比赛的手续，但不知为什么，证件竟然不够齐全，音乐实行委员会不予正式受理；如此一来，他就无法参加期待已久的音乐节了！

　　一般说到音乐家，多半性格是内向而不爱出风头的，所以，绝大多数的人在遇到这种状况时必是就此放弃，但他却不同，他不但不打算放弃，还尽全力积极争取。

　　首先，他来到日本大使馆，将整件事说明原委，然后要求帮助。

　　可是，日本大使馆无法解决这个问题，正在束手无策时，他突然想起朋友过去告诉他的事："对了！美国大使馆有音乐部，凡是喜欢音乐的人，都可以参加。"

　　他立刻赶到美国大使馆。

　　这里的负责人是位女性，名为卡莎夫人，过去她曾在纽约的某音乐团担任小提琴手。他将事情本末向她说明，拼命拜托对方，想办法让他参加音乐比赛，但她面有难色地表示："虽然我也是音乐家出身，但美国大使馆不得越权干预音乐节的问题。"她的理由很明白。

　　但他仍执拗地恳求她。

　　原来表情僵硬的她，逐渐浮现笑容。

　　思考了一会儿，卡莎夫人问了他一个问题：

第六篇 ◆ 天道酬勤，坚持就是胜利

"你是个优秀的音乐家吗？或者是个不怎么优秀的音乐家？"

他刻不容缓地回答："当然，我自认是个优秀的音乐家，我是说将来可能……"

他这几句充满自信的话，让卡莎夫人的手立时伸向电话。

她联络贝桑松国际音乐节的实行委员会，拜托他们让他参加音乐比赛，结果，实行委员会回答，两周后作最后决定，请他们等待答复。

此时，他心中便有了一丝希望，心想，若是还不行，就只好放弃了。

两星期后，他收到美国大使馆的答复，告知他已获准参加音乐比赛。这表示，他可以正式地参加贝桑松国际音乐指挥比赛了！

参加比赛的选手，总共约60位，他很顺利地通过了第一次预选，终于来到正式决赛，此时他严肃地想："好吧！既然我差一点就被逐出比赛，现在就算不入选也无所谓了！不过，为了不让自己后悔，我一定要努力。"

后来他终于获得了冠军。

就这样，他建立了世界大指挥家不可动摇的地位，我们可从他的话中学习重要的启示。

由于手续上的漏失，他无法参加音乐节，若是在当时他就此放弃，当然不可能获得指挥比赛的桂冠，也就不可能成为现在国际著名的大指挥家了！直到最后，他都没有放弃，很有耐心地奔走日本大使馆、美国大使馆，为了参加音乐节，尽了最大的努力，如此才能为他带来好运——获得贝桑松国际指挥比赛优胜、成为享誉国际的名指挥家，奠定了现在的地位。

做人感悟

面对挫折和失败，为了不让自己后悔，不妨再多努力一次。记住：有毅力的人才能获得更多的好运！

机遇垂青于勤奋博学的人

历史上任何一个将帅的成名，都与客观环境、自身素质和机遇这三个因素有关。而机遇条件对于将帅的升迁，更起着举足轻重的作用。

有的人，由于自身的原因，很难受到机遇的垂青；即使偶有机会降临，也难以有效地把握住。

而有些人，平时努力学习，时刻准备，因博学多才而更易受到机遇的垂青。当机遇来临时，才能好好把握而充分利用，最后获得成功。

机遇垂青于勤奋博学的人。

美国著名将领艾森豪威尔，就是这样的一个典型。机遇条件是他能够成为欧洲盟军最高统帅的重要因素。

而他能赢得这样的机遇，与其勤奋好学和杰出的才能又有着相当密切的关系。

艾森豪威尔毕业于西点军校，初获少尉军衔，在国内从事军训工作。因其富有成效地创办了美国陆军第一所战车训练营而成为少校，并受到康勒尔准将的青睐和栽培，送他进入指挥参谋学院受训。

艾森豪威尔不负所望，努力学习，刻苦训练，以全校第一名的成绩获毕业证书。

艾森豪威尔非常崇拜潘兴和麦克阿瑟两位名将，曾追随麦克阿瑟达6年之久，历任团长、团参谋，后升准将，而后做了第一军团参谋长。

珍珠港事件后，艾森豪威尔出任作战计划处副处长，不久任处长，又随着计划处升级为作战厅而被任命为作战厅长。这次调迁，可以说是他登上最高职位的一个转折点；而他能得到这样的机会，与其才能又有着必然的联系。

1941年，陆军参谋长马歇尔打算对参谋部作一些人事调整，希望陆军总司令部副主任克拉克推荐十位军官，想从中挑选一人出任作战计划处副处长。克拉克回答说："我推荐的名单上只有一个人的名字，如果一定要十个人，我只有在此人的名字下面写上九个'同上'。"这个人就是艾森豪威尔，他因才能出众而倍受克拉克器重。

在作战处，艾森豪威尔工作踏实，很有作为，出色地完成了欧洲战区总司令的指令，受到马歇尔的称赞。恰恰又因为这份报告，使得幸运之神再度降临，他被越级提升。这成为了他一生军事生涯中最为重要的转折。

这份出色的报告，显露出他才华横溢，具备非凡的军事才能，因而受到马歇尔的推荐而出任美国驻伦敦的欧洲战场司令。马歇尔独具慧眼，而艾森豪威尔也不负重托，出色地完成了使命。

在这之后，艾森豪威尔又出任进攻北非的盟军统帅最后成为了登陆法国的盟军最高统帅，荣获五星上将的军衔。

后来艾森豪威尔曾说过："运气对一个人派职、为有影响的人物工作、在适当的时间处于适当的地点等方面都起着重要的作用。"

做人感悟

人的一生机遇至关重要。但如果不努力，不提高自身素质，则机会很难降临。艾森豪威尔虽屡获机遇，属于偶然因素，但他勤奋刻苦、才华出众，又是其必然因素。从他的身上，可以得到这样的启示：机遇总是垂青于勤奋刻苦而博学多才的人。

基础与技巧

日本职业棒球队乐天利的王牌选手村田兆治曾经有过这么一段经历。

1973年，新教练金田正一来到乐天利执教，他见到村田第一句就是："喂！你小子去年是怎么搞的，才胜了三次？"

"……"村田支支唔唔地不说话来。

于是金田正一教练又问道："你知道为什么只胜了三次吗？"村田兆治老实地回答道："不知道。"

"告诉你吧，因为总不跑步的原因。你投球的姿势是左膝弯折，然后猛提左膝。把屁股对着击球手，再使劲把球投出去吧？"

"是的。"村田应声道。

"这就是了，那意味着你比任何投球手用一只右腿支撑体重的时间都长。但是，因为你跑步的时间不够，右腿也好左腿也好肌肉都很弱，根本支撑不住你的体重！所以，你用一条右腿站立的时候，上半身总是歪斜的，平衡保持得不好。所以，无论如何，你首先得练跑步，要多跑才行！"

于是村田按照金田教练的说法去练习跑步。结果，下一年获得八胜，又跑了一年，这年获得了十二胜。这时相应地乐天利在职业棒球比赛中获得了第一名。培养身体素质是艰苦而单调的，但是没有基本的力量作为身体的支撑，根本不可能成为专家。对于棒球运动员，首先要锻炼腿。正如金田教练所说："无论如何，你首先得跑，要多跑才行。"

任何基本功的训练都是漫长的艰苦过程，不像一些花里胡哨的技巧那样能立竿见影，哗众取宠，但它却是一切技巧的基础。

做人感悟

如果不锻练腿上的功夫，村田最终只不过是一个三流的投球手。从这一点来看，将跑步作为努力训练的中心，可谓是杰出的着眼。无疑，它才是导致村田投球成功的唯一的好点子。所以如果你真的想成为一个技术精湛的专家，你首先应该考虑的是自己的"腿部力量"是否足够支撑自己的身体平衡，保证自己的动作"不走形"。

具备"闻鸡起舞"的精神

名人小传

祖逖，字士稚，生于266年，范阳遒县（今河北涞水）人，士族出身，我国历史上杰出的爱国志士。祖逖小时家境贫寒，十四五岁尚未开蒙启智，后来博览群书，贯通古今。半夜里听见鸡鸣，即起身至户外，拔剑起舞，留下了"闻鸡起舞"的佳话。西晋末年，洛阳沦没后，祖逖不甘故国倾覆，主动请缨，要求领兵北伐。经过4年多的苦战，他率领的北伐军收复了黄河以南的大片失地。他以其节烈丰富了民族精神，是东晋北伐的最高典型。

东晋建立后，许多统治者只求维持住半壁江山，并不打算恢复中原，但也有一些人不甘心忍受国家残破的局面，立志要驱走敌人、收复失地，祖逖就是其中的一个。

祖逖是个胸怀坦荡、具有远大抱负的人。可他小时候却是个不爱读书的淘气孩子。进入青年时代，他意识到自己知识的贫乏，深感不读书无以报效国家，于是就发奋读起书来。他广泛阅读书籍，认真学习历史，从中汲取了丰富的知识，学问大有长进。

他曾几次进出京都洛阳，接触过他的人都说，祖逖是个能辅佐帝王治理国家的人才。祖逖24岁的时候，曾有人推荐他去做官司，他没有答应，仍然不懈地努力读书。

后来，祖逖和幼时的好友刘琨一同担任司州主簿。他与刘琨感情深厚，不仅常常同床而卧、同被而眠，而且还有着共同的远大理想：建功立业，复兴晋国，成为国家的栋梁之才。

一次半夜里，祖逖在睡梦中听到公鸡的鸣叫声，他一脚把刘琨踢醒，对他说："别人都认为半夜听见鸡叫不吉利，我偏不这样想，咱们干脆以后听见鸡叫就起床练剑如何？"刘琨欣然同意。于是，他们每天鸡叫后就起床练剑，剑光飞舞，剑声铿锵。春去冬来，寒来暑往，从不间断。功夫不负有心人，经过长期的刻苦学习和训练，他们终于成为能文能武的全才，既能写得一手好文章，又能带兵打胜仗。

祖逖后来做了一名武官，他克服种种困难，组建起一支军队。他们乘船渡江，向北进发。等船开到江心，祖逖用佩剑敲着船桨，大声说："如果不能扫清中原的敌人，我就再也不渡过这条江！"

祖逖渡江后，又招募了不少战士，他们作战英勇，几年之间，便收复了长江以北黄河以南的大部分地区。祖逖收复中原的措施，得到了广大人民的衷心拥护，有人还把歌颂祖逖的话编成了歌谣，到处传唱。

世上最宝贵的精神是坚持，世上最难做到的也是坚持，而人生成败的关键就在于坚持。

做人感悟

"坚持"这一论题，并不陌生，并不深奥。连小孩子都知道"朝于斯，夕于斯""家虽贫，学不辍"的道理。但作为一种行为，坚持则是最可贵的境界，也是最重要的学问，因为世上的事难就难在持之以恒地付诸行动。三分钟热度谁都可以有，而一曝十寒却又是很多人的通病。正如古人所说："人之学也，或失则多，或失则寡，或失则易，或失则止。""止"是最容易发生的，一场坚持，易不当易，止不当止，最终前功尽弃，一事无成。

再"坏"一点，希望就会降临

克劳德·艾金斯从小智力低下，学习成绩一塌糊涂，但总算凑合着上了高中。父母眼见儿子上大学无望，便希望他能在体育上有所发展，托人把他弄到学校篮球队里。但克劳德·艾金斯的智商很让教练失望，他的动作总是不得要领，一个简单的罚球动作，就够他无休无止地练习了。他因此被大家送了个绰号"出色的罚球手"。

那是一次很重要的比赛，克劳德·艾金斯所在的球队被对手打得落花流水。队员和教练已无心再战，但比赛还是要打完的，于是有队员建议教练，反正也打不赢，就让从未上过场的克劳德·艾金斯去露露脸。

克劳德·艾金斯兴奋无比地披挂上阵了。一有罚球，队员便把球传给他，他虽然信心百倍，但每次总是把球投丢，如此反复，他却乐此不疲。以至后来，对方队员竟和他开玩笑，把自己队的罚球也传给他，但他不管不顾，依然专心投篮，虽然球仍屡投不进。尽管如此，观众还是以热烈的掌声鼓励他，这让克劳德·艾金斯更加兴奋。就在离终场只剩下3秒钟时，奇迹出现了！

克劳德·艾金斯又接到一个传球，他不慌不忙，微笑着把球投了出去，只见那球在空中划过一个漂亮的弧线，然后稳稳当当地落进了篮筐内。全场顿时沸腾了，观众起立为克劳德·艾金斯欢呼鼓掌，他自己也为有生以来投进的第一个球欣喜若狂，激动地脱掉了上衣，一边高喊挥舞，一边满场狂奔。

赛后有评论说，克劳德·艾金斯无疑是此次比赛的最后赢家。

就是那唯一的进球，让克劳德·艾金斯的人生发生了翻天覆地的变化。高中毕业后虽屡遭磨难，但他总把最后3秒钟创造的奇迹当做激励自己奋斗的灯塔。他坚信，自己一定是笑到最后的那个人。

当地电视台有个名叫《非9点新闻》的栏目招聘演员，克劳德·艾金斯勇敢地去应聘，有人讥笑他自不量力，他仍憨厚地笑着我行我素。他滑稽幽默的表演让导演喜不自禁，当即拍板录用了他，并让他担任主演。他主演的《憨豆先生》几乎一夜之间风靡全球，并与金凯利、周星驰一起被称为"当代最伟大的喜剧之王"。

成功后的克劳德·艾金斯不时会说起那场令人刻骨铭心的球赛，正是那看似让他出丑的罚球表演，让他得到了观众前所未有的关爱，让他享受到了人间无限的真情温暖，为他以后开发自身蕴藏着的巨大表演潜能做了极好的铺垫。

做人感悟

生活中，往往看起来已经是很"坏"的事情，如果再让它"坏"一点，在"坏"到极致的时候，希望的曙光往往会在刹那间显现。

发现自我，把握自我

名人小传

莎士比亚（1564-1616），英国著名戏剧家和诗人，文艺复兴时期杰出的艺术大师。在52年的生涯中，为世人留下了37个剧本，一卷14行诗和两部叙事长诗，他以奇伟的笔触对处于封建制度走向衰落、资本主义原始积累的历史转折的英国社会作了形象、深入的刻画。马克思称他是"最伟大的戏剧天才"。他的作品几乎被翻译成世界各种文字，1919年后被介绍到中国。

莎士比亚出生在英国中部埃文河畔的斯特拉福镇，父亲是个商人。4岁时，他的父亲被选为市政厅首脑，成了这个拥有2000多居民、20家旅馆和酒店的小镇镇长。

小镇经常有剧团来巡回演出。莎士比亚在观看演出时惊奇地发现，小小的舞台，少数几个演员，就能把历史和现实生活中的故事表现出来。他觉得神奇极了，深深地喜欢上了戏剧。他经常和孩子们一起，学着剧中的人物和情节演起戏来，并想长大后从事与剧本相关的工作。不幸的是，父亲经商失利，14岁的莎士比亚只好离开学校，给父亲充当助手。

1586年，莎士比亚随一个戏班子步行到了伦敦，并找到一份为剧院骑马的观众照看马的差使。这虽然是打杂，但毕竟跟戏剧挂了钩了，他尽心尽力地干这个工作，干得很好。骑马来的观众都愿意把马交给他。莎士比亚常常忙不过来，只得找了一批少年来帮忙，他们被叫做"莎士比亚的孩子们"。

莎士比亚工作之余，悄悄地看舞台上的演出，并坚持自学文学、历史、哲学等课程，还自修了希腊文和拉丁文。当剧团需要临时演员时，他"近水楼台先得月"，再加上他头脑灵活，口齿伶俐，终于能演一些配角了。演配角时，莎士比亚也认真演好。由于他出色的理解力和精湛的演技，不久就被剧团吸收为正式演员。

那时候，伦敦的剧团对剧本的需要非常迫切。因为一个戏要是不受观众喜欢，马上就要停演，再上演新戏。莎士比亚在坚持学习演技的同时，还大量阅读各种书籍，了解自己祖国的历史和人民不幸的命运，决定也尝试写些历史题材的剧本。27岁那年，他写了历史剧《亨利六世》三部曲，剧本上演，大受观众欢迎，他赢得了很高声誉，逐渐在伦敦戏剧界站稳了脚跟。

1595年，莎士比亚写了一个悲剧《罗密欧与朱丽叶》，这部剧本描写了自由爱情的可贵，谴责了封建制度对爱情的迫害，歌颂了理想的爱情。剧本上演后，莎士比亚名震伦敦，观众像潮水一般涌向剧场去看这出戏，并被感动得流下了泪水。

1599年，莎士比亚已经很有钱了，他所在的剧团建成了一个名叫环球剧院的剧场，他当了股东。他还在家乡买了住房和土地，准备老了后回家备用。不久，他的两个好友为了改革政治，发动叛乱，结果一个被送上绞刑架，一个被投入监狱。莎士比亚悲愤不已，倾注全力写成剧本《哈姆雷特》，并亲自扮演其中的幽灵。

在以后的几年里，莎士比亚又写出了《奥赛罗》、《李尔王》和《麦克白》，它们和《哈姆雷特》一起被称为莎士比亚的四大悲剧。

"放弃时间的人，时间也放弃他"，"智慧里没有书籍，就好像鸟儿没有翅膀"，这是莎士比亚的名言，也是他能在艺术天地里自由飞翔，成为一代艺术大师的秘密。

1616年，莎士比亚离开了人世。他的墓在他家乡的一座小教堂旁，每年都有数以千万计的人像朝圣一般去瞻仰。

任何一个正常的人，总有这样那样的优势或潜在的优势。一个人要找准属于自己的道路，踏踏实实干适合自己的事，充分发挥自己的优势。自尊和自信来源于对自己优势的确认，以及随之而来的对自我价值的肯定。确认自己的优势是人的"精神生长点"。你必须独具慧眼，善于发现自我、把握自我。

做人感悟

每个人都有各自的天赋。有的人逻辑思维占优势，有的人形象思维占优势；有的人博闻强记；有的人精于思考；有的人智力过人，但意志薄弱、志趣低下；有的人智力平平，但意志顽强、目标远大、百折不挠。

成功与否是由综合素质决定的

1564年2月15日，伽利略诞生于意大利比萨城一个没落贵族的家里。伽利略的父亲是一位多才多艺的绅士。他通晓音乐，还能自己作曲，他也擅长数学。不过这些才艺毕竟不能当饭吃，伽利略12岁的那一年，一家人为生活所迫不得不从比萨搬到了佛罗伦萨近郊。

伽利略小的时候身材虽然矮小，好奇心却出奇地强，很喜欢与人辩论。他从不满足于别人告诉他的道理和结论，而要自己去探索、研究与证明。灵活的大脑与精巧的手指总是使他忙个不停。他不是绘图画便是为弟妹们制造灵巧的玩具与"机器"，在这些方面他表现出非凡的才干。

伽利略的父亲看着如此机灵好学的孩子，思考着应当把孩子引导到哪条道路上去。他认为既高雅而报酬又丰厚的职业是行医，因此他的第一个意愿是要伽利略做医生。

为了避免他把时间浪费在自制玩具和画人物的事情上，为了能使伽利略投考比萨大学，他的父亲把他送入一所修道院里的学校。从此，伽利略便埋头到书堆中，放弃了所有杂念与制造玩具的活动，专心致志地思考哲学与宗教的关系。伽利略从思考中得到很大的乐趣。以往不安分的手脚开始平静下来，寻求内心世界的安谧，心底开始萌发深邃的宗教情绪，而且有将自己的生命奉献给教会的意向。当他父亲发觉这个苗头时，心里很焦急。他希望儿子能做一个收入很高受人尊敬的医生，怕他能干的儿子从此去过清苦的寺院生活。伽利略的父亲当即将他接回家中，再度劝他学医。看着父亲的急迫表情，尽管伽利略对医术没有兴趣，但是他还是遵从了父亲的意愿，答应学医。17岁那一年，伽利略进入比萨大学学医。

伽利略在大学里以与教授作对而出名，他性格率直而不迷信书本。他认为学习这些知识没有丝毫意义，于是，在一些教授的眼里成了一位不受欢迎的人，他认为："如果老是坐在课堂里听教授们讲，不接触病人，甚至不让我们去解剖尸体而只能观看教授的表演，那么我们怎么能学会治病呢？"从来没人也不敢怀疑历时一千多年的医学教授的方法，伽利略不但指责教学方法，而且还怀疑教学内容。他老是爱寻根究底地向教授们发问。教授们往往被问得瞠目结舌，无言以对，只能以敷衍的口气说："一向是这样做的。我们从来就不问'为什么'。"这样的回答自然遭到伽利略的讥刺。他的言行让那些因循守旧的长者和保守的教授们深深地憎恶。于是伽利略经常缺席，荒废功课。伽利略在他的回忆录里说："在大学住了四年以后，我实在无法忍受做违背自己本意的事，即谎称自己对医学颇感兴趣。"这位少年埋藏了自己的志向，去实现他父亲的意愿，期望成为一位名医。可是，到头来，这既不利于发挥他的才干，也不可能实现他父亲的意愿。

在当时欧洲大学，任何专业的学生都必须学习亚里士多德的哲学。伽利略对医学没有兴趣，对哲学却很喜欢。他对被这位古希腊哲学家亚里士多德崇奉的那些"绝对真理"产生怀疑，他更想彻底探明那些到底是不是真理。伽利略在进行了认真的观察和思考之后，感到一个科学原理未经事实验证，亚里士多德就得出结论，并断定它是真理是不负责任的。让他深感奇怪的是，经历了一千七百多年，学者们总是盲目地遵循亚里士多德的主张。伽利略对亚里士多德的主张进行了研究之后，发现亚里士多德的论述未必都正确。他着手收集亚里士多德的错误论点。

有一天，由于他听一位宫廷数学教授关于古希腊欧几里得《几何原本》的演讲，对数学产生了浓厚的兴趣，他觉得数学是那样慎密。分析都按逻辑的推理进行演算，每一步都有根有据地得到证明！

伽利略便跑去请教那位数学教授，并提出很多埋藏在他心里很久的疑问。他问得非常有意义，数学教授发觉这位求教青年不但怀有一般青年人的好奇心，而且具备杰出的悟性，并能立刻捕捉问题的关键。教授还没有讲到的地方，他已能用逻辑推理预先得出结论。数学教授发觉这位青年人具有非凡的智慧，便收他为学生。伽利略如饥似渴地阅读数学教授借给他的每一本数学书，直至把这位数学家的所有藏书读完为止。

有一回，伽利略为了省钱，在从比萨去佛罗伦萨的时候，搭了一辆拉橄榄油的车。伽利略一路跟车夫聊天，车夫一出口就是赚钱，而伽利略一出口就是他的数学计算。他俩越谈越糟糕，最后两人干脆谁也不跟谁说话。然后车夫在想着他这一车橄榄油能挣多少钱的事，伽利略在看着车夫装橄榄油的桶发呆。

伽利略很想通过桶的高度和直径来算出桶的容积，这些桶的容积应该怎样算呢？他想这些桶几乎都是圆柱体，要求出桶的容积，看来只能用桶的底面积乘以桶的高度。伽利略于是目测了一下桶的高度和直径，一下子他便把这些桶的容积算了出来。

"你每桶橄榄油的重量是300公升？"

"你怎么知道的？"

伽利略便认真地给车夫讲解起计算公式来，无论伽利略怎么耐心地解释，车夫还是听不懂。听不懂还不要紧，重要的是听不懂的车夫还认为伽利略是在利用巫术，结果死活也不敢收伽利略付给他的钱。

一次，当伽利略漫步走向教堂，也许是想欣赏一下它的内部结构，伽利略静坐在长凳上，举目四顾，忽然，一个摇晃着的东西映入他的眼帘。一个修理工人不经意触动了教堂顶中央的大吊灯，摆动着的大吊灯令伽利略突发奇想。他站起来，去仔细观察。这吊灯开始在一个比较大的回弧上摆动，当摆幅逐渐变小时，摆动的速度也渐渐变慢了。伽利略将他的右手指按在左腕的脉搏上计时，伽利略借助脉搏的跳动计算着吊灯摆动的周期。

通过测算，伽利略发现，不管吊灯摆动的弧线长短，吊灯来回所用的摆动时间总是一样的。

意外的发现引起了伽利略的深思。不是感觉欺骗了自己，便是亚里士多德的说法并不正确。亚里士多德在西方被称为"最博学的人"。他的很多观点被西方人奉若神明，他本人也被奉为绝对权威，他凭着"自信的直觉"，得出了"重物体比轻物体下落速度要快些"的观点。

伽利略很快冲出教堂大门，回到他的小房间，用不同重量的东西，悬挂在不同长度的绳索上进行实验。

"亚里士多德的理论不可能，为什么只要摆的绳长相同，摆落到最低点的时间都相同呢？这与摆的重量似乎是没有关系的啊！"然而伽利略并不知道，他的这种研究方法竟成了打开近代实验科学大门的"金钥匙"。

伽利略专心致志地一次又一次进行摆动的实验。他到铁匠、木匠和船夫那里寻找实验需用的丝线、麻绳与铁链，以及大小相同、重量不同的物体。伽利略全神贯注地做实验，除了吃饭，很少离开自己的房间（兼实验室），有时甚至连吃饭也顾不上。伽利略经过反复的实验，终于得出了结论，发现摆动的规律，并进一步用数学公式加以表述，即摆动的周期与摆的长度的平方根成正比，伽利略还进一步说明摆动的周期只与摆的长度有关，而与摆锤的重量无关。

他决定做一下不同重量的物体从高处下落时距离相同，落到地面的时间也相同的实验。

　　为了保证实验的正确性，他决定到比萨斜塔去做落体实验。伽利略邀请比萨的一些学者和大学生来到斜塔下面，他和他的助手登上斜塔，让一个重一百磅和一个重一磅的铁球，同时由塔上自由下落，结果轻的和重的几乎同时落地。伽利略把实验重复一次，结果仍然相同。伽利略的实验，动摇了亚里士多德在物理学中长期占统治地位的臆断，在群众中引起了极大的震动。伽利略发现了真理，但却触怒了比萨大学亚里士多德学派的信徒，他们攻击伽利略胆敢怀疑亚里士多德，必定是圣教的叛徒。伽利略被赶出了比萨大学，但他由于这个实验发现了自由落体定律。

　　伽利略能在什么地方发表他的实验成果呢？他没有钱使他的研究成果公之于众，也没有出版机构愿意出版这位不满二十岁的青年所写的批驳亚里士多德的文章。伽利略并没有因此而灰心，他利用他手工制作的才干，发明了一种"脉搏计"。这仪器的主要部分是一个小小的摆，医生可利用它来测定病人在一分钟内脉搏跳动的次数。当他向比萨大学教授们讲述他的发现和发明的时候，他们注意的不是摆动的定律，而是他那个具有实用意义的脉搏计。

　　一天，已经做了大学教授的伽利略在给学生上实验课，一边在火上烧着装水的试管，一边问学生："当水的温度升高，达到摄氏100度时，为什么会在管内上升？"

　　学生回答道："因为水受热膨胀体积增大了。"学生的回答启发了伽利略，他想：能不能利用水的热胀冷缩的特点，准确地测出体温，帮助诊断病情呢？

　　伽利略根据热胀冷缩的原理，认真做起了试验。他将水灌进一根细细的试管里，然后将试管里的空气抽出来，再将试管密封起来，这样就做成了一个体温计。

　　一天，他来到医院，拿出这个量体温的试管，让发高烧的病人夹在腋下。没一会儿，试管里面的水开始上升了，超过了人体内的正常温度——摄氏37度……伽利略高兴地笑了，世界上第一个体温计在他的努力下终于诞生啦。

　　1609年，伽利略听说荷兰人发明了望远镜，他通过别人的一点描述，凭着自己独特的天赋，经过刻苦钻研和实验，成功地研制了世界上第一架放大倍数为33倍的天文望远镜。在这架天文望远镜的帮助下，伽利略探索

第六篇　◆ 天道酬勤，坚持就是胜利

了深邃神秘的太空，在一年之内他就获得了一系列重大的发现：月球表面并不像亚里士多德所说的那样平滑，而是呈现不规则的凹凸起伏；银河也不是人们所说的银白的云彩，而是由千千万万颗暗淡的星星所组成的；木星旁边有四颗运转着的卫星；地球并不是各个天体旋转的唯一中心；太阳上面有黑子；土星周围有光环……所有这些结果，都有力地支持了哥白尼的太阳中心说：地球和所有行星都围绕太阳运行。伽利略的这一重大发现震惊了当时的世界。

伽利略的成功首先在于敢于怀疑权威，并用自己的方式向权威挑战。我们知道，专家加上权威所形成的垄断，是最不受控制也最能够肆意欲为的结合。要想向权威宣战需具备很多条件，如果只有勇气，那将是匹夫之勇，最后成为贻笑大方的笑柄。伽利略从怀疑开始，一步一步地把曾经在欧洲盛行近两千年的亚里士多德的错误学说推翻了，这是多么了不起的事情！所以，一个具有科学精神的人，应该是勇于怀疑传统、怀疑权威、怀疑书本、怀疑常识乃至怀疑自己未经思考就加以接受的观点的人。

伽利略的成功还在于敢于刨根问底。他对任何理论上的事情都要通过自己的脑子去重新探究它的合理性。"打破砂锅问到底"、穷追不舍是伽利略在求学上的态度，也是他能获得成功的重要原因。

另外，伽利略平常很善于观察周围的事物，也许一件小事，到了他的眼里，就可能经过大脑的思考和科学严谨的实验变成一项发明。

做人感悟

一个人的成功与否有时候确实是由很多综合素质决定的，但这些素质里面绝对没有懒惰和不求甚解。假如一个人有懒惰和不求甚解这样的毛病而不及时改正，这个人的一生或许没有什么希望了。很多小有才华的人，他们生活在一种似是而非的精神状态下，沉迷在一种很自我的状态下，觉得自己很了不起，而看不到窗外的世界，最后只能是个井底之蛙。客观、冷静地看待自己，看待别人，清醒地了解到自己现在所处的状态，是非常重要的。科学精神的内涵和基本要求是独立思考，严谨规范，求真务实，开拓创新。我们的学习和生活也是如此，培养良好的习惯，是一个人获得成功的基本要求。立即行动是成功者的行为，只有立即行动才能将人们从拖延的恶习中拯救出来。